Wer ist der Superstar?

Ernst Arendt / Hans Schweiger

Wer ist der Superstar?

Vogelstimmen – einmal anders präsentiert!

Texte:
Michael Lohmann

blv

Inhaltsverzeichnis

Singe, wem Gesang gegeben

Die Suche nach dem Superstar unter den Vögeln zwischen Gibraltar und Nordkap hat gezeigt: So eine Auswahl ist, wie jede Bewertung, eine ziemlich schwierige und zudem recht subjektive Angelegenheit. Immerhin wurde deutlich, dass einige Vogelarten überhaupt keine Chancen haben, zum Sängerwettbewerb auch nur zugelassen zu werden. Möwen, Hühner, Haubentaucher, Kraniche mögen ja allerlei Geräusche von sich geben. Solche Nichtsingvögel aber mit Nachtigall und Konsorten aus der Abteilung Singvögel zu vergleichen, das ist nicht fair. Auch Bienenfresser und Wiedehopf gehören nicht zur begnadeten Gruppe der Sänger und können allenfalls mit tollem Outfit glänzen. Zur Wahl in unserer Abstimmungsliste (siehe S. 19) stehen daher nur die 17 Singvögel und – wegen besonderer Qualitäten – Weißstorch, Bienenfresser und Wiedehopf. Also wollen wir uns auch hier beim Thema Gesang auf die Könner beschränken.

Als Singvögel bezeichnet man alle Vögel mit mindestens 3 Paar Singmuskeln. (Irgendwo muss die Wissenschaft ja Grenzen ziehen – wenn auch manchmal erstaunliche.) Mit bis zu 9 Paar Singmuskeln sind besondere Gesangsvirtuosen von der Natur ausgestattet. Was es sonst mit dem ungewöhnlichen Gesangsapparat der Vögel auf sich hat, werden wir gleich noch näher betrachten. Schon hier sei aber gesagt: Apparat und Muskeln sind das eine, die Kunst aber entsteht im Kopf.

Zur auserwählten Gruppe der Singvögel gehören immerhin rund 4000 Arten und damit fast die Hälfte aller heute lebenden Vogelarten. Sie machen den größten Teil der rund 5100 Arten umfassenden, hoch entwickelten Gruppe der Sperlingsvögel aus. Die Bezeichnung »Sperling« hat übrigens damit zu tun, dass die Jungen dieser Vögel als rechte Frühgeburten aus dem Ei schlüpfen und anfangs wenig mehr können als die hungrigen Schnäbel aufzureißen. Und dieses Verhalten nennt man »sperren«. (Man müsste also eigentlich »Sperrling« schreiben.)

Während die Heckenbraunelle (links) ihren Schnabel für die Kunst aufreißt, sagt das Spatzenkind (rechts) mit seinem offenen Schnabel: Futter! Und weil dieses »Sperren« typisch für die ganze Gruppe der Nesthocker ist, nennt man sie Sper(r)lingsvögel.

Das mag dem einen oder anderen ziemlich abgehoben vorkommen, hat aber einen auch uns selbst betreffenden interessanten Hintergrund. Von den Säugetieren – zu denen zu gehören wir die Ehre haben – weiß man ja, dass sie sich alle mehr oder weniger ausgiebig um Schutz, Betreuung und Erziehung ihres Nachwuchses kümmern. Diese sogenannte »Brutfürsorge« ist umso ausgeprägter, je höher entwickelt die Arten sind. (Was »hoch entwickelt« bedeutet, messen wir selbstverständlich an uns selber.) Nicht nur Menschen, Menschenaffen, Elefanten und Wale, sondern auch Mäuse, Füchse, Rehe und viele andere Säugetiere hegen und pflegen ihren Nachwuchs durch mehr oder weniger lange Tragzeiten bzw. Schwangerschaften und eine mehr oder weniger ausgedehnte Zeit der Betreuung nach der Geburt. Säugetiere unterscheiden sich damit von anderen Wirbeltiergruppen – Fischen, Amphibien, Reptilien – sehr deutlich. Nur bei den Vögeln findet

man eine ähnlich ausgeprägte Fürsorge zwischen Eltern und Kindern.

Natürlich hat diese aufwendige Brutfürsorge eine biologische Bedeutung, einen Zweck. Das vererbte Verhalten – das man auch als Instinkt bezeichnet – ist zwar in vielen Fällen bewundernswert komplex. Es ist aber auch ziemlich starr. Das heißt, flexible Anpassungen an wechselnde Situationen sind auf genetischer Grundlage nur begrenzt möglich. Wer das Verhalten von Fischen, Fröschen und Schlangen oder gar das von Nichtwirbeltieren mit dem von Säugetieren vergleicht, sieht sofort die Unterschiede. Eine Verbesserung situationsgemäßen Verhaltens ist nur durch individuelles Lernen möglich, da genetische Anpassung viel zu langsam »lernt«. Die kindliche Präge- und Lernphase wird zeitlich ausgedehnt und durch die Weitergabe von Erfahrungen von einer Generation an die nächste ergänzt. Voraussetzung ist eine erblich veranlagte Fähigkeit zu lernen. Brutfürsorge ist Grundlage und Teil der kindlichen Lernphase. Vogelkinder lernen von ihren Eltern, wie man Freund und Feind unterscheidet, wie man geeignete Nahrung findet und wie man ordentlich singt.

Die ausgiebige Brutfürsorge der Singvögel (hier Kernbeißer-Eltern mit ihrem Nachwuchs) ermöglicht eine »höhere Bildung«, zu der besonders auch der Gesang zählt.

Das alles hat mit dem Vogelgesang eine Menge zu tun. Vögel haben seit ihrer Emanzipation von den Sauriern eine ähnliche Entwicklung durchlaufen wie die Säugetiere. Beide Gruppen haben es geschafft, ihre Körperwärme weitgehend unabhängig von der Umgebungstemperatur funktionsfähig zu halten. Und das ist auch der Grund für den – an den Artenzahlen gemessen – ähnlichen »Erfolg« von Säugetieren und Vögeln. Ein Teil dieses Erfolges verdankt sich auch der Fähigkeit zu sozialer Kooperation und Kommunikation. Akustische Kommunikation stellt, wie wir wissen, eine ausgezeichnete Möglichkeit dar, Nachrichten schnell, präzise und über einige Entfernung zu übertragen. Die Vögel machen von dieser für den Luftraum besonders geeigneten Möglichkeit ausgiebig Gebrauch. (Wenn sie auch die ganzjährige Zungenfertigkeit des Menschengeschlechts nicht ganz erreichen.)

Sicher ist: »Ohne eine leistungsfähige Verständigung können weder Paare noch Familien oder größere Verbände von Artgenossen zusammenhalten oder ihr Verhalten biologisch sinnvoll koordinieren.« So Bergmann und Helb in ihrem Buch »Stimmen der Vögel Europas«. Und wo andere Tiere zu diesem Zweck allerlei Düfte, Gesten und sonstige Technik einsetzen, vertrauen Vögel ganz auf ihre Stimme. Eine effiziente Methode, die Liebste anzulocken oder das Revier zu verteidigen.

Aus voller Brust

Wenn man von unsereinem anatomisch korrekt sagt, er oder sie singe aus voller Kehle, so darf man über Vögel keinesfalls Gleiches äußern – was bedauerlicherweise trotzdem immer wieder geschieht. Wenn Dichter seit Jahrhunderten immer wieder behaupten, »Frau« Nachtigall oder Lerche musizierten aus »voller Kehle«, so zeugt das von betrüblicher naturwissenschaftlicher Unkenntnis und wohl auch davon, dass in dieser Branche viel voneinander abgeschrieben wird. Wenn Poeten von alters her Wanderer und andere Frohnaturen aus »voller Brust« singen lassen, hängt das hingegen wohl eher damit zusammen, dass sich die »Lust« so schön darauf reimt. Ein Fall von künstlerischer Freiheit also.

Dass unser Stimmapparat im Hals sitzt, dürfte allgemein bekannt sein. Der bei Männern am Adamsapfel erkennbare Kehlkopf (Larynx) ist zweifellos eine grandiose Erfindung. Allerlei Knorpel und Muskeln halten und bedienen die Stimmbänder, die im Luftstrom aus der Lunge vibrieren und damit (mehr oder weniger erfreuliche) Töne erzeugen.

Ganz anders bei Vögeln. Deren Stimmapparat (Syrinx) sitzt viel tiefer unten, nämlich dort, wo sich die Luftröhre in die Bronchialäste gabelt, die zu den beiden Lungenflügeln führen. Ein komplexes Muskelsystem spielt auf der Klaviatur einer Vielzahl verknöcherter Ringe und schwingfähiger Membranen ebenso virtuos wie musikalisch-kunstsinnig. Manche Vögel können sogar mehrstimmig singen, so die in Osteuropa lebende Doppelschnepfe, die ihre Balzstrophe nach hölzernem »Knebbern« mit einem mehrtönigen Wiehern beschließt. Und die Fähigkeit, in unmerklich kurzen Pausen immer wieder Luft zu schnappen, erlaubt es Vögeln, den Ton länger zu halten als der versierteste Opernsänger oder Flötist (siehe auch S. 16). So erklärt sich etwa das minutenlange Schnurren der Schwirle. Wie es aber zu den so ganz verschiedenen Gesängen selbst nah verwandter Arten kommt, das ist noch immer ein ziemliches Rätsel.

Über die Vielfalt, Kunstfertigkeit und Komplexität der Vogelgesänge kann man nur staunen. Und da das Staunen wissenschaftliche Geister dazu anregt, einer Sache auf den Grund zu gehen, hat man auch für dieses Phänomen biologische Erklärungen gefunden, die allerdings – sagen wir's gleich – nicht restlos befriedigen. So schreiben die bereits genannten Spezialisten Bergmann und Helb in Bezug auf die Leistungsfähigkeit von Stimmen als Mittel sozialer Verständigung:

»Die Signale ... müssen nicht nur an die Eigenschaften des Senders und des Empfängers der Nachrichten, sondern auch an die belebte und unbelebte Umwelt angepasst sein. Es muss beispielsweise dafür gesorgt werden, dass sie sich gegen Störungen wie Wasser- und Windrauschen und die Filterwirkung der Vegetation durchsetzen. Sie dürfen aber auch nicht den Signalen anderer Arten so ähnlich sein, dass es zu ständigen Verwechslungen kommt. Dies ist eine der Ursachen für die ungeheure Formenvielfalt der Vogelstimmen.«

Sicher: Bei fast 9000 heute noch lebenden Vogelarten muss sich ein Sänger schon durch besondere Kunstfertigkeit profilieren, wenn es nicht zu Verwechslungen kommen soll. Allerdings: Selbst im artenreichen Tropenwald musizieren auch immer nur ein paar Dutzend Arten gemeinsam. Wichtiger scheint mir die Vermutung, dass neben technischen Fragen, etwa der Reichweite und Penetranz der Stimme, bei der Entfaltung der Stimmenvielfalt mal wieder die sexuelle Selektion im Spiel war: Es setzen sich die Männchen mit ihren stimmlichen Erbanlagen durch, die bei den angesungenen Damen den größten Gefallen finden.

Immerhin gibt es in der Natur neben Zweckmäßigem immer wieder auch Entwicklungen – Formen, Farben, Verhaltensweisen –, die sich durchsetzen und erhalten konnten, obwohl ein Über-

Was der Pfauenhahn nicht in der Kehle (besser: Brust) hat, das hat er beeindruckend im Schwanz. Derlei Pracht entsteht durch sexuelle Selektion und hat ähnliche Funktionen wie der Gesang.

lebensvorteil, ein biologischer Zweck, nicht unmittelbar erkennbar ist. Solche Eigenschaften, wie etwa die fantastischen Formen und Farben tropischer Fische, nennt man auch luxurierende Merkmale und führt sie in vielen Fällen auf sexuelle Selektion zurück. Mir scheint, viele hoch entwickelte Vogelgesänge gehen über Unverwechselbarkeit und andere Zweckmäßigkeiten weit hinaus. Man könnte in solchen Fällen geradezu Parallelen ziehen zu menschlichem Kunstschaffen. (Wobei wir offen lassen wollen, ob Kunst Luxus oder Notwendigkeit ist und ob wir sie der sexuellen Selektion verdanken.)

Ein Argument für die These, dass Vogelgesänge auch eine »kulturelle« Komponente haben, ist die Tatsache, dass Vögel auch dann singen, wenn es dafür keinen erkennbaren biologischen Anlass gibt. (Von solchen Anlässen wird noch die Rede sein.) Außerdem singen Vögel deutlich mehr, wenn es ihnen gut geht, wenn es windstill und schön warm ist, wenn es Futter im Überfluss gibt und auch sonst alles stimmt. Dann singen sie sogar im Herbst oder Winter. Erinnert das nicht an das fröhliche Pfeifen bei befriedigender Tätigkeit, an das viel zitierte Singen unter der Dusche? (Beides zweifellos Vorstufen zu Flötenkonzert und Opernarie.)

Interessant ist auch, dass viele Vogelgesänge – besonders die sehr kunstvollen – nur als Potenzial angeboren sind. Durch Nachahmung und Üben werden sie ständig verfeinert. Entsprechende Experimente mit sogenannten Kaspar-Hauser-Vögeln (die also isoliert aufgezogen wurden) zeigen, dass weniger hoch entwickelte Arten wie Hühner, Enten, Greifvögel usw. ihr Repertoire an Rufen und Gesängen (soweit vorhanden) auch ganz ohne Vorbild entwickeln. Bei den meisten Singvögeln sind zwar die Rufe (siehe unten) weitgehend angeboren; die Gesänge dagegen bedurften in allen bisher untersuchten Fällen mehr oder weniger des Vorbilds, um sich art- und populationsspezifisch in allen Feinheiten voll auszubilden.

Ein wahrscheinlich lebenslanges Dazulernen findet man nicht nur bei den sogenannten Spöttern, die die verschiedensten Geräusche und Stimmen anderer Vögel nachahmen und wie nebenbei in ihren arttypischen Gesang einflechten. Dass Papageien, Krähenvögel und andere Vögel sogar Wörter nachsprechen und Melodien nachpfeifen können, ist ja bekannt. Und dass Gimpel und Stare ähnliche Imitationstalente haben, zeigt, wie weit verbreitet das spielerisch anmutende musikalische Lernvermögen bei Vögeln ist. Das führt einmal zu großer individueller Variabilität und andererseits zur Ausbildung regionaler Dialekte, etwa bei Buchfinken oder Zilpzalpen und – wie man neuerdings festgestellt hat – auch bei Stadt- und Land-Kohlmeisen. Und aus Dialekten können mit der Zeit wohl auch verschiedene Gesänge werden.

Imponieren und informieren

Bei aller Kunst – natürlich erfüllen Vogelgesänge zuallererst wichtige biologische Funktionen. (Wie im wirklichen Leben kommt auch in der Evolution das »Fressen vor der Moral« oder, weniger drastisch ausgedrückt: die Zweckmäßigkeit vor der Kultur.) Aber davon haben wir in der Schule ja genug gehört: Reviermarkierung gegenüber Rivalen und das Anlocken von Weibchen sind oberste Ziele der unermüdlich ihre Syrinx strapazierenden Vogelmännchen.

Von dieser ebenso kunstsinnigen wie kunstfertigen Art, ihr Territorium gegen Rivalen und andere Eindringlinge zu verteidigen, könnte das Menschengeschlecht nur lernen. Tatsächlich genügt der Gesang eines Revierinhabers in den meisten Fällen völlig, um Konkurrenten auf Abstand zu halten. Man spart sich auf diese Weise kräftezehrende und oft »ins Auge gehende« Prügeleien. Eine sehr friedliche Art, begrenzte Ressourcen untereinander aufzuteilen.

Aus dem Gesagten geht bereits die alte Schulweisheit hervor: Nur die Vogelmännchen singen (in aller Regel). Und damit sie nicht nur akustisch, sondern auch optisch Flagge zeigen können, tragen die Herren fast immer das leuchtendere, oft das knalligere Federkleid. Es ist also nicht eitle Faulheit, wenn Buchfinken-Männchen von früh bis spät mit »stolz«

Die kurze Strophe der Buchfinken-Männchen hat (zumindest für unsereins) den Vorteil der Einprägsamkeit. Sie scheint aber auch von Vorteil für das Anlocken von Weibchen und das Abschrecken von Rivalen.

geschwellter Rotbrust ihren Finkenschlag zum Besten geben, während die dezenter gekleidete Gattin mit Nestbau, Eierlegen und Brut beschäftigt ist. Nein, das ist biologisch sinnvolle (von Emanzipationsbestrebungen noch keinesfalls angekränkelte) Arbeitsteilung.

Neben ihren Gesängen verfügen Vögel – und zwar fast alle, auch die Nichtsingvögel – über vielerlei Rufe und allerlei sogenannte Instrumentallaute. Bei den Rufen kann man Warnrufe, Schreckrufe, Lockrufe, Stimmfühlungsrufe, Flugrufe und andere mehr unterscheiden. Während hoch entwickelte Gesänge, wie gesagt, immer auch einen mehr oder weniger individuell gelernten Anteil aufweisen, sind Rufe viel stereotyper und offenbar im Wesentlichen angeboren. Artspezifische Unterscheidungen spielen hier eine geringere Rolle. Gerade Warn- und Schreckrufe sind bei vielen Vogelarten sogar relativ ähnlich und werden auch von anderen Arten offenbar richtig verstanden. Wenn der Häher bei Störung sein lautes Rätschen erschallen lässt, wissen alle Vögel, dass Vorsicht geboten ist. Ähnliches gilt für Warnrufe der Meisen, Finken und vieler anderer Arten.

Zu den Instrumentallauten gehört das bekannte und weithin hörbare Schnabelklappern des Weißstorchs. Auch Eulen benutzen gern ihren Schnabel, um knappend und knipsend ihrem Unmut Ausdruck zu verleihen. Ringeltauben versuchen Eindruck zu schinden, indem sie beim Abfliegen laut ihre Flügel über sich zusammenklatschen. Schellenten erzeugen im Flug ein klingelndes Geräusch, von dem man allerdings nicht recht weiß, ob es irgendwelchen Informationscharakter hat. Wenn aber Bekassinen im Sturzflug mit ihren Schwanzfedern ein wummerndes Geräusch erzeugen, so wollen sie damit ohne Zweifel kundtun, dass das Gebiet unter ihnen als besetztes Revier anzusehen ist.

Zusammenfassend können wir feststellen: Vögel verfügen über die differenziertesten Lautäußerungen im gesamten Tierreich. Allerdings nutzen sie diese Fähigkeit nur zum geringen Teil für differenzierte Nachrichten an Artgenossen. Darin werden sie offenbar von Walen und Delphinen (und natürlich vom unübertrefflichen Menschen) übertroffen. Vielmehr haben sich die Vogelgesänge eher in eine künstlerisch-virtuose Richtung entwickelt. Darin ähneln sie manch wunderschönen Federkleidern – man denke an Pfauen, Paradiesvögel und an die in diesem Film zu sehenden Bienenfresser. Die biologische Funktion solch mehr spielerisch anmutender Ausstattungen liegt allenfalls darin, dem Weibchen zu zeigen, was für ein toller Bursche man(n) ist. (Vielleicht ist ja auch unsere Kunst auf die gleiche Weise entstanden? Man denke nur an die Minnesänger. Und kommt nicht überhaupt alles Glück und Elend – laut Schopenhauer – vom Geschlechtstrieb her?)

Vogelgesang und Mensch

In unserer Vogelwelt eher selten: Beim Pirol kommen »schöner« Gesang und »schönes« Outfit zusammen. Aber was heißt schon schön. Da müsste man die fragen, der all dieser Aufwand gilt: die pirolische Damenwelt.

Vogelgesänge haben die Menschen wohl schon seit frühesten Zeiten fasziniert, ermuntert, geweckt – und sie wohl immer wieder auch zur Nachahmung angeregt.

Einfache und in der Tonlage geeignete Motive kann jeder halbwegs »Pfiffige« nachpfeifen. So etwa die aus 10 reinen, leicht abfallenden Flötentönen bestehende Strophe des Grauspechts. Sehr eingängig, wenn auch wegen seiner tiefen Tonlage pfeifend nicht mehr leicht zu imitieren, ist der Kuckucksruf. Dazu, wie auch zur Nachahmung ähnlich tiefer Eulentöne, bläst man schon besser in die zum größeren Schallraum zusammengelegten Hände. Nicht ganz einfach ist auch das melodiöse »düdlio« des Pirols nachzupfeifen.

Viele Vogelgesänge liegen in so hohen Frequenzbereichen, dass man ihnen pfeifend nicht mehr folgen kann. Zwar erfasst unser Gehör einen recht weiten Frequenzbereich (von etwa 20 bis 16 000 Hertz oder rund 10 Oktaven). Unsere stimmlichen und pfeifenden Fähigkeiten bleiben aber weit hinter Hören und Vogelgesang zurück. Selbst wenn man die Stimmlagen von Männern und Frauen (die sich um etwa 1 Oktave unterscheiden) zu-

Die menschliche Stimme kann sich hinsichtlich Umfang mit Vogelstimmen nicht messen. Wie in so vielen anderen Fällen wussten wir dieses natürliche Manko aber durch die Erfindung von allerlei »Instrumenten« zu kompensieren.

sammennimmt, kommen wir stimmlich nicht viel über eine Tonspanne von 3 Oktaven hinaus (etwa 100–1000 Hz). Pfeifend erreichen wir bei ähnlichem Umfang (2,5 Oktaven zwischen 400 und 3000 Hz) noch etwas höhere Töne. Vögel hingegen zwitschern und pfeifen nahezu im gesamten menschlichen Hörbereich, übertreffen also die natürlichen menschlichen Fähigkeiten auf diesem Gebiet mit 10 gegen 5 Oktaven um das Doppelte. (Kleine Nachhilfe: Eine Tonleiter von 8 Tönen bildet 1 Oktave. Dieses Intervall entspricht jeweils einer Verdoppelung der in Hertz gemessenen Frequenz. Der Kammerton a hat eine Frequenz von 440 Hz.)

Doch erfinderisch, wie der Mensch nun einmal ist, wusste er seine stimmlichen Schwächen durch die Entwicklung einer Vielzahl von Musikinstrumenten wettzumachen – und hat auf diese Weise den meisten Vögeln längst den Rang abgelaufen. Die frühesten Instrumente waren neben allerlei Schlaginstrumenten einfache Flöten aus Rohr oder Röhrenknochen. Man hat offenbar schnell herausgefunden, dass sich Töne erzeugen lassen, indem man über eine scharfe Kante oder eine vibrierende Feder bläst. Der nächste Schritt war dann die Erkenntnis, dass sich die Tonhöhe mit der Größe des Schallraums ändert und dass

Löcher in einem Rohr verschiedene Töne hervorbringen, wenn man sie mit den Fingern schließt oder öffnet. Mozart war der Weg bereitet.

Tatsächlich haben Vogelgesänge seit Jahrhunderten viele Komponisten inspiriert. Am »vogelnärrischsten« war der von der Zwölftonmusik frustrierte französische Komponist Olivier Messiaen (1908–1992), der ganze Konzerte auf den Motiven verschiedenster Vogelarten aufbaute. Über ihn und die Schwierigkeiten, seinen Kompositionen zu folgen, schreibt die Biologin und Schriftstellerin Barbara von Wulffen in ihrem ebenso informativen wie vergnüglichen Buch »Von Nachtigallen und Grasmücken« sehr ausführlich. Messiaen zitierend notiert sie: »Die Vögel hätten alles schon gefunden: kleine und kleinste Intervalle, Tonarten und ›Modi‹, Mischungen von Klangfarben, Nachhalleffekte, Glissandi, auch die ›Neumen‹ des gregorianischen Chorals und Leitmotive.«

Und weiter: »In der älteren europäischen Musik sind lautmalende Nachahmungen von Vogelstimmen häufig, mit vagen Vorstellungen von Klangfarben und Wiedergaben der Zahl von Wiederholungen, etwa Hühnergackern, Zwitschern, Nachtigalltrillern bei Couperin oder Haydn, die Lerche in der ›Schöpfung‹, der Kuckuck von di Lasso bis Beethoven, der Stieglitz (›Il Cardellino‹) bei Vivaldi oder das ›Flöten des Waldvogels‹ bei Richard Wagner.« Die Liste könnte man fortsetzen, wobei man nicht das entzückende Stück von Ottorino Respighi (1879–1936) mit dem Titel »Gli Ucelli« vergessen sollte.

Natürlich spielen Vogelgesänge auch in vielen Volksliedern eine Rolle, wo sie, wie das »Kuckuck, Kuckuck, / rufts aus dem Wald« direkt imitiert oder in vielfacher Weise besungen werden, wobei die Nachtigall immer eine führende Rolle spielt. Blättern wir in dem herrlich von Tomi Ungerer illustrierten »Das große Liederbuch«, so stoßen wir bald auf alte Bekannte. Gleich an erster Stelle steht da der kurze, zweistimmige Kanon »Wachet auf, wachet auf, es krähte der Hahn, / die Sonne betritt ihre goldene Bahn«. (Mit Verlaub: Auch der Hahn gehört zu den Vögeln.) Nach allerlei besinnlich-frommen Morgenliedern trifft man schon bald (in »Wieder ist nach dunkler Nacht«) auf den unvermeidlichen Kuckuck: »Jeder Garten blüht mir zu, / und der Kuckuck ruft mich bald / in seinen stillen kühlen Wald.« Und nach 2 Seiten schon wieder: »Erwacht, ihr Schläfer drinnen, / der Kuckuck hat geschrien« (woraus böse Buben immer ein »Erwacht, ihr Schläferinnen« machen). In »Jeden Morgen geht die Sonne auf« dichtete Hermann Claudius weiter: »der Pirol und dann die Vöglein alle / stimmen an die große Melodei«.

Wir überspringen viele Seiten mit vielen, vielen Liedern, die wir als Kinder sangen (und von denen die Kinder heute kaum noch eine Ahnung haben), und kommen am Ende zu den Abendliedern, die mit dem Mond beginnen, der aufgegangen ist. Da kommt dann bald das Lied von den Blümelein, die schlafen schon längst im Mondenschein, mit einer mittelalterlichen Melodie und einem Text aus unbekannter Feder. Die 2. Strophe beginnt dann: »Die Vögelein, sie sangen / so süß im Sonnenschein, / sie sind zur Ruh gegangen / in ihre Nestchen klein.« (Und wir ersparen uns bitte jeglichen postmodernen Kommentar.) Schließlich folgen (auf Seite 230) die beiden Nachtigallen-Kanons, die des Autors Kindheit in einer Weise begleiteten, dass (wer weiß) seine lebenslange Freude an Vögeln und Vogelgesängen vielleicht daher rührt: »Abendstille überall«, ein dreistimmiger Kanon, den man tief genug anfangen muss, um den Sprung zum hohen d zu schaffen. Und dann vor allem der ebenfalls dreistimmige, wunderschöne Kanon »Alles schweiget« von keinem Geringeren als Joseph Haydn (1732–1809). Nebenbei gesagt: Mitten in der kanadischen Steppe trafen wir (lang ist's her) eine Gruppe frankophoner Mädchen aus Quebec, die immer wieder mit uns singen wollten, was sie unverbesserlich als »Alles schwanget« bezeichneten.

Nach diesem nostalgisch-persönlichen Ausflug kehren wir zu unserer Suche nach dem Superstar zurück: Wenn Sie modern gerüstet sind, sollten Sie unter www.br-online.de/superstar ins Internet gehen. Dort erfahren Sie mehr über die DVD und Sie können an der Abstimmung teilnehmen, indem Sie einen der 20 Kandidaten links anklicken. Damit kommen Sie automatisch zur Auswertung, bei der im Augenblick der Zaunkönig mit

über 17 Prozent in Führung liegt, gefolgt von der Amsel mit über 13 Prozent. Die Nachtigall hat es nur auf Platz 3 geschafft. Doch lassen Sie sich nicht beeinflussen. Wählen Sie Ihre Lieblingsstimme, die Sie auf beiliegender DVD und auch noch einmal im Internet anhören können, wenn Sie rechts auf das »Ohr« klicken (vorausgesetzt, Sie haben die nötige Software). Wir sind gespannt, wer das Rennen macht.

Am 28.03.2007, nachdem die Abstimmung 8 Monate online geschaltet war, sah die Reihenfolge von br-online wie folgt aus:

Zaunkönig	17,70 %
Amsel	13,35 %
Nachtigall	12,11 %
Star	8,07 %
Feldlerche	7,46 %
Rotkehlchen	7,45 %
Haussperling	5,59 %
Blaukehlchen	5,28 %
Bienenfresser	3,73 %
Wiedehopf	3,42 %
Buchfink	2,80 %
Heidelerche	2,80 %
Rauchschwalbe	2,80 %
Blaumerle	1,55 %
Weißstorch	1,55 %
Orpheusspötter	1,24 %
Samtkopf-Grasmücke	1,24 %
Mittelmeer-Steinschmätzer	0,93 %
Drosselrohrsänger	0,62 %
Grauammer	0,31 %

Oben: Die Nachtigall hat es nicht nötig, mit großer Toilette zu prahlen. Ihr Gesang übertrifft (zumindest für unsere Ohren) die meisten anderen Sänger. Außerdem sind bekanntlich nachts alle Katzen grau.

Links: Die Wissenschaft zählt den Kuckuck nicht zu den Singvögeln. (Liegt wohl an der geringen Zahl seiner Gesangsmuskeln.) Jung und Alt erfreut sich trotzdem an seinem wohlklingenden, wenn auch ziemlich monotonen »gugug – gugug«.

Die Interpreten stellen sich vor

Die 44 folgenden, in Wort und Bild vorgestellten Vogelarten mögen auf den ersten Blick ziemlich durcheinandergewürfelt erscheinen. Wir mussten uns dabei an die Reihenfolge des Films halten – und die entstand ja mehr oder weniger zufällig durch die Begegnungen des Filmteams auf seiner Reise von Spanien nach Norwegen.

Es wird Ihnen auffallen, dass die im Film gezeigten Arten jeweils auf einer Doppelseite auftreten. Ihnen haben wir 16 weitere Vogelarten hinzugefügt, bei denen es sich verständlicherweise ausschließlich um Singvogelarten handelt. Die haben wir überall dort in die Liste der »Filmstars« eingefügt, wo es einigermaßen sinnvoll erschien.

Die Mischung aus Lebensnähe und wissenschaftlichem Anspruch machte auch dem Autor der Texte einiges Kopfzerbrechen. »Darf« man gehaltvolle Informationen mit allerlei saloppen Anmerkungen und flottem Stil servieren, ohne dass der Leser den Eindruck gewinnt, die Inhalte seien fragwürdig? Im englischsprachigen Raum geht man mit so etwas deutlich lockerer um als hierzulande. Autor und Verlag hoffen aber, dass die »bunte Mischung« auch beim deutschsprachigen Leser gut ankommt und die Vermittlung wissenswerter Fakten erleichtert.

Dass die im Film nur kurz auftauchende Dohle nicht auch in den folgenden Artbeschreibungen auftaucht, liegt daran, dass Krähenvögel (zu denen auch die Dohlen zählen) zwar über sehr differenziert gebaute Stimmapparate verfügen, davon aber im Alltag kaum Gebrauch machen. Man kennt ja das übliche »krahkrah« der Krähen und das kaum einfallsreichere »kjok«, »kja« oder »kjarr« der Dohlen. (Wer allerdings das wunderbare Dohlenbuch von Konrad Lorenz gelesen hat, wird zugeben, dass eine so oberflächliche Beurteilung des Ausdrucksvermögens den Tieren Unrecht tut.)
Was Krähenvögel wirklich stimmlich draufhaben, drückt sich aus in einem selten zu hörenden, leise schwätzenden Singsang

Von der Dohle hört man, wie von den meisten Krähenvögeln, in der Regel nur ziemlich einfältige raue Töne. Ihr eigentlicher Gesang ist ein fantasievolles, aber so leises Schwätzen, dass man es nur aus großer Nähe hört. Auch darin ähnelt sie Eichelhäher, Krähe, Elster und Konsorten.

(z. B. von Rabenkrähen oder Eichelhähern) sowie in der bereits erwähnten Fähigkeit, sogar einzelne Wörter nachzusprechen. Trotzdem fanden wir: Mit den Gesängen kleinerer Zunftgenossen kann die Dohle nicht konkurrieren – auch wenn sie, wie alle Krähenvögel, ebenfalls zu den Singvögeln zählt (wegen der Zahl der Singmuskeln, Sie wissen schon).

Dohlen brüten bei uns hauptsächlich in Kirchtürmen, Burgen und anderen hohen Gemäuern, selbst mitten in der Stadt. Sie sind ausgezeichnete Flieger, sodass es ihnen nichts ausmacht, zur Nahrungssuche kilometerweit auf die Felder der Umgebung auszuschwärmen. Viel seltener sind die sogenannten »Walddohlen«, die ihre Brut in Baumhöhlen aufziehen. Da können sie aber kaum ihrem Hang zum Koloniebrüten frönen. Ihr nächster Verwandter ist die Alpendohle, die ganz schwarz ist, mit gelbem Schnabel.

Mittelmeermöwe

Wie soll man sie von Silbermöwen unterscheiden, wenn sie ihre gelben (statt rosa) Füße unter Wasser verstecken.

Die Möwen sehen alle aus, / als ob sie Emma hießen, dichtete schon Christian Morgenstern. Möwen nicht nur als »Emma« zu bestimmen, ist in der Tat eine heikle Sache. Die kleinen, im Binnenland brütenden Lachmöwen mit den im Sommer schwarzen Köpfen von den großen Seemöwen zu unterscheiden, mag ja noch angehen. Aber die See- oder Großmöwenarten zu identifizieren, das ist lange Zeit sogar den Spezialisten schwergefallen. Noch vor 30 Jahren hielt man die in Nord- und Südeuropa vorkommenden »Silbermöwen« für eine Art. Dann trennte man die an Nord- und Ostsee lebenden Silbermöwen mit rosa Beinen und im Winter grau gestricheltem Kopf von den am Mittelmeer und in Südrussland heimischen »Weißkopfmöwen« mit gelben Beinen und auch im Winter weißem Kopf. Erst vor etwa 10 Jahren fand man schließlich heraus, dass auch die Weißkopfmöwen wohl eher 2 verschiedenen Arten angehören: Mittelmeer- und Steppenmöwen. Sie in freier Natur zu unterscheiden, ist allerdings etwas für

Das Superstar-Casting

„Unsere Suche beginnen wir an der Südwestspitze Spaniens. Glutrot die Morgensonne über Afrika. Markant das Profil des berühmten Felsens von Gibraltar. Hier fängt für uns Europa an … Und wie an allen Meeresküsten geben auch hier die Möwen, wie man so sagt, den Ton an. Und wie man auch sagt, schreien Möwen, laut und durcheinander. – Vorurteil bestätigt. Möwen schreien, können nicht singen. Nein! Dafür können wir keine Punkte geben.“

ausgesprochene Cracks – um nicht zu sagen: Masochisten.

Die im Film so herzhaft jauchzenden Möwen, an der Küste von Gibraltar gedreht, kann man schon vom Ort her als Mittelmeermöwen identifizieren. Leider bleiben sie nicht immer am namengebenden Mittelmeer. Bereits vor 20 Jahren begannen die gelbbeinigen »Seemöwen« aus dem Süden nach Norden zu wandern und auch im Binnenland zu brüten. Sie zogen das Rhônetal hinauf, ließen sich am Genfer See nieder und gründeten am kleinen Neuenburger See eine rasch wachsende Kolonie, die bald 250 Brutpaare umfasste. Bereits in den 1990er-Jahren entdeckten sie auch die größeren Voralpenseen als Brutplatz.

Heute kann man am oberbayerischen Chiemsee im Sommer bis zu 200 Mittelmeermöwen antreffen. Das sind allerdings überwiegend jugendliche Gäste aus der Schweiz und vielleicht aus Norditalien. Die Zahl der Brutpaare hält sich am Chiemsee mit 5–7 noch in Grenzen.

Wie alle Möwen sind auch die Mittelmeermöwen keine Kostverächter. Sie ernähren sich von Regenwürmern, Heuhüpfern und Wiesenschnaken ebenso wie von Fischen und Aas und schätzen auch Vegetarisches in Form von Mais und anderen Feldfrüchten. Darum trifft man sie keineswegs nur an und auf Gewässern – wo sie sehr vom Beifang der Fischer profitieren –, sondern auch fernab auf Wiesen und Feldern. Als Nesträuber sind sie unter Vogelfreunden nicht sonderlich beliebt. Die Fischer wissen diese Art der Nahrungssuche aber zu schätzen, wenn sich die Möwen mit ihren kräftigen Schnäbeln über Gelege und Junge des Kormorans hermachen.

Die lang gezogenen, gutturalen Rufe der Mittelmeermöwe klingen ähnlich wie die von Silbermöwe oder Heringsmöwe: »kjau« oder »äö« und ein ärgerliches Keckern. Besonders eindrucksvoll ist ihr »Jauchzen«, wobei sie ihren Kopf und Schnabel in die Höhe recken. Die wilden Laute passen freilich besser zu Sturm und Meereswellen als zu Voralpenseen.

Samtkopf-Grasmücke

Auch wenn es das Samtköpfchen bei uns nicht gibt, so kann man es, bei einiger Erfahrung, an Aussehen und Stimme doch unschwer als Grasmücke erkennen.

Ach herrjeh! Grasmücken sind nichts für Anfänger – wie schon ihr Name sagt. Und was sagt der? Dass er mit Mücken nichts zu tun hat. Und mit Gras auch nichts. Wäre ja auch ziemlich unsinnig. Richtig zu trennen wäre der Name zwischen a und s: Gra-smücke. Und wer sich ein bisschen mit der Herkunft deutscher Wörter befasst hat, wird schon vermuten, dass »gra« die alte, nämlich mittelhochdeutsche Form unseres heutigen »grau« ist. Tatsächlich sind alle Grasmücken mehr oder weniger grau. Aber was soll »smücke« heißen? Es kommt vom mittelhochdeutschen »smiegen«, der Vorstufe unseres »schmiegen«, auch im Sinn von schlüpfen. (Übrigens kommt auch unser Wort Schmuck daher.) Demnach sind Grasmücken also keine Wiesen-Insekten, sondern Grauschmiegen- oder Grauschlüpfer-Vögel. Eine sehr treffende Bezeichnung, wie jeder zustimmen wird, der schon einmal eine Mönchsgrasmücke (die mit der schwarzen beziehungsweise braunen Kopfbedeckung) oder die noch unscheinbarer einfarbig graue Gartengrasmücke beim Schlüpfen durch dichtes Geäst beobachtet hat.

Leider scheint aber auch in der Sprachforschung nicht alles so klar und einfach zu sein. So erklärt das »Etymologische Wörterbuch der deutschen Sprache« von Kluge & Götze die Herkunft des Wortes Grasmücke als Entstellung der alten Bezeichnung »grasa-smucka«. Was die Vögel dieser Gruppe zu Grasschlüpfern machen würde. Tatsächlich neigen Grasmücken dazu, ihre Nester in den unteren Etagen der Vegetation, etwa in Brennnessel-Dickichten, zu verstecken. Den größeren Teil des Tages verbringen sie aber doch im Geäst von Büschen und Bäumen und keineswegs im Gras. So ist wieder einmal »der Vorhang zu und alle Fragen offen«.

Doch denken Sie nicht, dass damit alle Probleme der Sylviidae (wie die Familie der Grasmücken wissenschaftlich heißt) erledigt wären. Im Gegensatz zu anderen Vögeln, die sich ebenfalls in Unscheinbarkeit ähneln, aber relativ leicht an ihren Gesängen zu unterscheiden sind (wie Rohrsänger oder Laubsänger), tut man sich mit den Liedern der Grasmücken immer wieder schwer. Das liegt freilich wohl mehr an uns. Denn alle Grasmücken – von denen es in Mitteleuropa immerhin 5, in Südeuropa sogar weitere 9 Arten gibt – singen überaus kunst- und fantasievoll. Solch komplizierte Gesänge kann sich unsereins eben viel schwerer merken als stereotype Kurzstrophen, wie sie etwa der Buchfink mit Ausdauer von sich gibt.

Die im Film anfangs etwas unwillige Samtkopf-Grasmücke ist rund ums Mittelmeer recht häufig. Die Weibchen sind überwiegend bräunlich mit grauem Kopf und Weiß unterm Schwanz und an der Kehle. Die Männchen (siehe Film) tragen elegantes Hellgrau mit Weiß an Sterz und Kehle sowie einen markant schwarzen Kopfputz, von dem sich der knallrote Augenring effektvoll abhebt. Ihr Gesang wird beschrieben als »ein für mediterrane Grasmücken typisches raues Schwätzen, meist kurze (2-5 s) Strophen in schnellem Tempo mit knarrenden und knirschenden Lauten, ganz kurzen Pfeiftönen sowie mit eingefügten Ratterrufen.«
Nun, hören Sie selbst.

Das Superstar-Casting

„Hallo! Mein Name ist Samtkopf-Grasmücke. Ich werde euch jetzt etwas vorsingen. So oder ähnlich würde der Auftritt beginnen beim Casting im Musikbusiness. Ganz anders beim Vogelcasting. Der Kandidat dreht uns Juroren das Hinterteil zu, singt leise und schüchtern. So, liebe Samtkopf-Grasmücke, wird das aber nichts! Na bitte, warum nicht gleich! Und schöne Augen hat sie auch. Der rote Lidstrich, vielleicht ein wenig zu dick aufgetragen.“

Mönchsgrasmücke

Wenn Sie einen grauen, schlanken kleinen Vogel mit schwarzer Kappe sehen, dann ist es mit ziemlicher Sicherheit eine männliche Mönchsgrasmücke. Zu Verwechslungen könnten allenfalls Sumpf- oder Weidenmeise (S. 39) Anlass geben, die aber schon an Verhalten und Stimme klar als Meisen zu erkennen sind. Wenn Sie hingegen einen grauen Vogel mit brauner Kappe sehen, ist es mit Sicherheit eine weibliche Mönchsgrasmücke, denn diese Kombination gibt es in unserer Vogelwelt nur einmal. (Spatzen haben zwar auch eine braune Kappe, aber grau sind sie höchstens nachts.)

Obwohl Mönchsgrasmücken zu den Langstreckenziehern gehören, die den Winter in Afrika verbringen (neuerdings zunehmend auch in Großbritannien und Irland), kehren sie oft schon im März/April zurück, wenn es hierzulande noch schneien kann. Die fröhlich jubelnde Strophe der Männchen, die später ein so dominierendes Element im Frühjahrs- und Frühsommerkonzert unserer Gärten und Laubwälder darstellt, verrät ihre Ankunft. So charakteristisch die typische Strophe auch sein mag, wenn benachbarte Mönche um die Wette (oder sich in Rage?) singen, klingt das manchmal ganz anders. Dann wird ein anhaltendes Geschwätz daraus, dem oft die jubelnde Endphrase gänzlich fehlt. In solchen Fällen ist eine Unterscheidung zum gemütlich dahinplätschernden Gesang der Gartengrasmücke gar nicht so einfach.

Mönchsgrasmücken ziehen halbschattige Lagen sonnig-trockenen und Laubgehölze den Nadelgehölzen deutlich vor. Besonders beliebt sind immergrüne Blattgehölze wie Efeu, Lorbeer und Stechpalme. Ansonsten ist die Mönchsgrasmücke zweifellos die vielseitigste der europäischen Grasmücken, weshalb sie auch zum typischen Gartenvogel wurde – übrigens im Gegensatz zur Gartengrasmücke, die kaum je in Gärten, ja gewöhnlich nicht einmal in Siedlungsnähe anzutreffen ist.

Ohne schwarze Kappe könnte man sie (Pardon: ihn) für eine Gartengrasmücke halten.

Bachstelze

Hübsch anzuschauen in ihrem dezenten Schwarz-Weiß-Grau, aber stimmlich eher bescheiden: die Bachstelze.

Unter uns gesagt: Der Name Bachstelze ist nur mäßig zutreffend und gibt eher zu Verwirrungen Anlass. Denn jeder, der unserem Vogel in Feld und Flur, auf Wegen und Straßen, auf Hausdächern und Fernsehantennen, jedenfalls weitab von Bächen jeglicher Art begegnet, wird daran zweifeln, ob das Merkmal »Bach« für diese Stelze sonderlich zutreffend ist. Viel eher könnte man von einer Steinstelze sprechen, da ihre Angewohnheit, in Halbhöhlen zwischen Felsbrocken, in Mauernischen, unter Dachvorsprüngen und dergleichen zu nisten, sie offensichtlich stärker für Mineralisches einnimmt als für plätschernde Gewässer – die sie, zugegebenermaßen, auch zu schätzen weiß.

Die eigentliche »Bach«-Stelze, weiß der Kenner, ist die unterseits zitronengelbe Gebirgs- oder Bergstelze. Sie lebt und brütet tatsächlich ausschließlich an Bächen – besonders an hurtig über grobes Geröll plätschernden. Was sie, worauf ihr Name hinweist, zu einem Vogel des Berglandes macht. Und damit die Friesen und sonstigen Flachländer nicht benachteiligt werden, hat die stets auf Ausgleich bedachte Mutter Natur dafür gesorgt, dass in den Marschen, zwischen Schafen, Kohl und Kartoffeln, eine weitere gelbe Stelze lebt, die man als Schaf- oder Viehstelze bezeichnet – obwohl sich ihre Leidenschaft für grasende Nutztiere in Grenzen hält, was angesichts fortschreitender Intensivnutzung landwirtschaftlicher Flächen auch geboten erscheint.

Über den Gesang der Stelzen lässt sich nicht viel Rühmliches sagen. Ihr heller Ruf ist ein 1- oder 2-silbiges »zip, zilip«, und der Gesang der Männchen besteht aus einem wenig strukturierten Gezwitscher auf der Grundlage des Rufes. Alle 3 Stelzen erkennt man an ihrem in weiten Wellen hüpfenden Flug und natürlich an ihrem langen, ständig wippenden Schwanz – wobei die Gebirgsstelze den längsten, die Schafstelze den kürzesten »Stert« hat.

Mittelmeer-Steinschmätzer

Liegt es am helleren Gewand? Jedenfalls wirkt der Mittelmeer-Steinschmätzer entschieden zierlicher als unser bis nach Nordeuropa verbreiteter Steinschmätzer.

Immer wieder muss man voll Neid feststellen, dass viele Vögel (und andere Tiere) umso farbenprächtiger sind, je weiter südlich ihre Heimat liegt. Nicht dass unser heimischer Steinschmätzer hässlich wäre. Das Männchen kann sich im Prachtkleid durchaus sehen lassen mit seinem elegant silbergrauen Rücken, mit seinen tiefschwarzen Flügeln, der schneeweißen Unterseite, der goldbraun überhauchten Kehle und der schwarzen Augenmaske. Auch das Weibchen ist zur Brutzeit ungewöhnlich hübsch, wenn auch weniger auffällig gezeichnet. Und wie alle Steinschmätzer fallen Mann und Frau im Flug durch ihre aparte schwarzweiße Schwanzzeichnung auf.

Der Mittelmeer-Steinschmätzer wirkt aber doch noch prächtiger – und nicht nur im stimmungsvollen Gegenlicht wie im Film. Er ist eine von 9 rund ums Mittelmeer beheimateten Steinschmätzer-Arten, die alle durch krasse Schwarzweißkontraste auffallen. Hinzu kommen einige weitere Arten, die aus den nordafrikanischen und südosteuropäischen Trockengebieten gelegentlich mediterrane Küsten besuchen. Alle bevorzugen steinige, vegetationsarme bis völlig vegetationslose Lebensräume, in denen sie sich der Insektenjagd widmen. In Verbindung mit ihrem schmatzenden Warnruf tragen sie ihren Namen also zu Recht.

Das Superstar-Casting

„Grandios die Bühne. Über dem Tal hat sich der Mittelmeer-Steinschmätzer einen Felsen zum Singen gesucht. Das Drumrum eines Auftritts bewerten wir natürlich mit. Gelungenes Bühnenbild und geschickte Lichteffekte kaschieren ja häufig eine etwas magere Stimme. Geschmackvoll sein Outfit und Auftreten, auch eine gewisse Ausstrahlung ist da. Na ja, die Stimme, die finden wir ein bisschen dünn. Zum Superstar wird's wohl nicht reichen. Aber er gefällt uns trotzdem, der Mittelmeer-Steinschmätzer."

Bei so vielen offenbar wärmeliebenden Arten in Südeuropa und in Nordafrika wundert man sich, dass unser Steinschmätzer bis Island und Grönland und ins nördliche Sibirien verbreitet ist – gleichzeitig aber auch fast ganz Südeuropa besiedelt. Bei uns ist er als Brutvogel nicht häufig, was wohl auch daran liegt, dass unser Land weniger Steine und weniger Insekten aufzuweisen hat. Ziemlich häufig ist er aber auf dem Durchzug – auf dem Heimzug von Mitte März bis Ende Mai und auf dem Wegzug von August bis Oktober. Dann kann man die hellen Vögel in größeren Zahlen wie aufrechte Männchen auf den Schollen frisch umgebrochener Äcker sitzen sehen. – Zu den Schmätzern zählen übrigens auch Braun- und Schwarzkehlchen, die man entsprechend ihrem bevorzugten Lebensraum auch als Wiesenschmätzer bezeichnet.

Die Gesänge der Steinschmätzer sind allesamt fantasievoll, wenn auch eher hart zwitschernd als melodisch. Gerne flechten sie Stimmen anderer Vögel und andere Geräusche in ihre Strophen ein. Nein, zu den großen Gesangsinterpreten gehören sie wohl nicht – zum Superstar langt's nicht ganz.

Ein fescher Kerl ist das Mittelmeer-Steinschmätzer-Männchen mit seinen schwarzen Flügeln, der schwarzen Augenmaske und dem zart rosabräunlich getönten Rest.

Hausrot-schwanz

»Rotschwänzchen« kennt fast jeder. Doch wie es im Leben (das ja bekanntlich eine Schule ist) so geht: Fragt man nach dem Unterschied zwischen Haus- und Gartenrotschwanz, tritt meist betretenes Schweigen ein. Und auf keinen Fall wird man zugeben, noch nie davon gehört zu haben, dass es überhaupt 2 Arten von Rotschwänzchen gibt. Was ja auch, etwa im Vergleich zur Frage, ob der Mensch einen freien Willen hat, ziemlich nebensächlich erscheint. Da wir es hier aber nun einmal nicht mit Philosophie zu tun haben, müssen wir uns wohl der Frage widmen, worin der Unterschied zwischen den beiden Rotschwänzen besteht.

Dass der eine Rotschwanz dem Haus, der andere dem Garten zugeordnet wird, ist eine deutsche Eigenart – wenn auch keine ganz aus der Luft gegriffene. Denn tatsächlich tummelt sich der dunkle Rotschwanz besonders gern an Häusern, liebt es, von Firstspitzen aus sein kratzendes Liedchen zu singen sowie Mücken und Fliegen nachzujagen, die es sich in der Wärme von Mauern und Schindeln bequem machen möchten. Auch sein Nest baut der Hausrotschwanz bevorzugt auf überstehende Balken unterm Dach

Eigentlich ein Felsbewohner, aber als Hausrotschwanz hat er menschliche Gebäude als offenbar gleichwertig entdeckt.

oder in irgendwelche Mauernischen. Jedenfalls dort, wo wir den Vögeln am häufigsten begegnen, nämlich in unserer unmittelbaren Wohnumgebung.

Von Haus aus ist der Hausrotschwanz natürlich ebenso wenig ein Hausbewohner wie Schwalbe, Mauersegler oder Haussperling. Sie alle waren ja ursprünglich Felsbewohner – und der Hausrotschwanz ist von allen Genannten derjenige, der auch im Zeitalter menschlicher Dominanz seinem angestammten Lebensraum am meisten treu geblieben ist. Man trifft ihn nicht nur an Gebäuden aller Art, sondern auch noch überall dort, wo es Felsen gibt, in den Alpen bis in große Höhen.

Gartenrotschwanz

Wenn Sie vom Gartenrotschwanz noch nie etwas gehört oder gesehen haben, brauchen Sie sich nicht zu genieren. Diese hübschen Vögel sind wirklich furchtbar selten geworden. Ein herber Verlust, da die Männchen nicht nur ausgesprochen fotogen sind, sondern auch ein überaus stimmungsvolles kleines Lied von sich geben. Es geht so sehr zu Gemüte, dass man es in vielen Filmen immer dann im »Off« erschallen lässt, wenn Held und Heldin im gepflegten Park vor lauter Stimmung und Rotschwanzgesang kurz davor stehen, eine Dummheit zu begehen.

Dem Gartenrotschwanz jedenfalls hat all sein lieblicher Gesang zur Arterhaltung wenig genützt. Was ihn wirklich aus unseren Gärten vertrieben hat, ist schwer zu sagen. Mit dem Niedergang angefangen hat es wohl bereits in den 1950er-Jahren. Man vermutet, dass diesmal ausnahmsweise nicht Lebensraumveränderungen bei uns, sondern in den afrikanischen Überwinterungsgebieten für die Rückgänge verantwortlich sind. Der Gartenrotschwanz ist, was seinen Lebensraum angeht, auf jeden Fall viel anspruchsvoller als der Hausrotschwanz. Er liebt alte, nicht zu aufgeräumte Gärten mit hohen Bäumen, Friedhöfe und Parks mit Unterholz und Freiflächen. Zum Brüten brauchen Gartenrotschwänze natürliche oder künstliche Höhlen mit nicht zu kleinem Eingang.

Was die Namengebung anlangt, so darf man vermuten, dass der alte Linné 1758 unseren Rotschwanz deswegen mit der sogenannten Nominatform *Phoenicurus phoenicurus* ehrte, weil es in Schweden nur diesen einen Rotschwanz gibt. Der kontinentale Hausrotschwanz wurde erst 16 Jahre später von einem Herrn Gmelin eines wissenschaftlichen Namens für würdig befunden.

Warum der schöne und lieblich singende Gartenrotschwanz so selten geworden ist – man weiß es nicht so recht. Vielleicht Ärger im Winterquartier?

Heidelerche

Macht ja nicht eben viel her, dieses Aschenputtel. Aber wenn es singt …

Tatsächlich: Der Gesang der Heidelerche kann sich in jedem Wettbewerb hören lassen. Wenn man menschliche Maßstäbe anlegen würde, könnte man das Temperament der Heidelerche als melancholisch bezeichnen – in auffallendem Gegensatz zum sanguinischen Temperament der lebensfroh, fast übermütig aus der Höhe singenden Feldlerche. Irgendwie passt das etwas traurige, aber zu Herzen gehende Lied der Heidelerche zur Melancholie ihres Lebensraumes. In sandigen Kiefernwäldern und zwischen Heidekraut und Wacholderbüschen brütet sie gern. Ist leider selten geworden bei uns – was ja kein Wunder ist, da auch die Heiden immer dürftiger werden.

Vielleicht liegt es aber auch daran, dass alle Lerchen trockene, eher vegetationsarme, dafür aber insektenreiche Landschaften bevorzugen. Darum findet man auch in südlichen Ländern deutlich mehr Lerchen-Arten als bei uns. Sie tragen so bezeichnende Namen wie Steinlerche, Sandlerche, Einödlerche. Insgesamt leben 20 verschiedene Lerchen-Arten in Europa, Nordafrika und Vorderasien.

Unsere Feldlerche ist nicht nur hinsichtlich ihrer weit nach Norden reichenden Verbreitung, sondern auch in Bezug auf die Art ihrer Singgewohnheiten eher eine Ausnahme. Fast alle anderen Lerchenarten singen wie die meisten Vögel nicht im Flug, sondern im Sitzen. Und da alle Lerchen am Boden brüten und auch am Boden ihre Nahrung suchen, singen sie auch meistens vom Boden aus.

Freilich wählen die Männchen dazu gern eine etwas erhöhte Singwarte. Schließlich will man ja gesehen und gehört werden, von hingerissenen Weibchen wie von Rivalen, die ob solch selbstbewusster Töne des Revierinhabers in der Regel schnell das Weite suchen. Die Erdverbundenheit der Lerchen ist auch der Grund für ihr meist erdbraunes Kleid. Etwas kräftiger gefärbt sind nur 3 oder 4 Arten mit östlicher Verbreitung und die hochnordische und südosteuropäische Ohrenlerche, der man bei uns im Winterhalbjahr an den Küsten begegnen kann.

… ja, wenn das Aschenputtel singt, dann schmilzt man dahin, wird ein bisschen melancholisch und sentimental und mag's kaum glauben, was so ein graues Mäuschen alles kann.

Und wie war das nun in Shakespeares berühmter Liebesnacht: Julia will ihren Romeo noch nicht gehen lassen und fleht: »Willst du schon gehen? Es ist noch lange bis zum Tag: Es war die Nachtigall und nicht die Lerche, die dich vorhin erschreckte – sie pflegt alle Nacht auf jenem Granatbaum zu singen; glaube mir, mein Herz, es war die Nachtigall.« Doch Romeo zeigt kühlen Kopf (oder Angst?): »Es war die Lerche, die Heroldin des Morgens, nicht die Nachtigall… Ich muss gehen und leben, oder bleiben und sterben.«

Das Superstar-Casting

„Wow! Die Stimme überzeugt auf Anhieb. Klar, melodisch und mit Power vorgetragen. Dazu die Bühne, perfekt. Und elegant, wie sie über das Podium schreitet, sich von allen Seiten zeigt. Das gibt Punkte für die Heidelerche. Die Stimme? Begnadet, einfach super! Das Outfit? Na ja, hier fehlt ein wenig der Pep, aber sehen wir uns mal die Beine an. Wir sind von der Heidelerche schlichtweg begeistert, und in der Menschenwelt, beim Superstar-Contest, würden wir sagen: »Toll, Mädchen, wir sehen uns in der nächsten Runde wieder.« Hier, in der Vogelwelt, ist aber alles anders. Die singende Heidelerche ist ein Männchen und hat im nächsten Monat keine Zeit, da muss es Junge füttern.“

Bienenfresser

Bienenfresser sind eine richtig freche Boygroup. Ihr Gesang ist allerdings eher dürftig.

Bienenfresser gehören hierzulande nicht gerade zu den Allerweltsarten. Viele Mitteleuropäer werden diese wunderschönen Vögel wohl noch nie in natura gesehen haben, sofern sie ihnen nicht in südlicheren Gefilden begegnet sind. Mit ihren fantastischen Farben wird man sie in unseren eher nüchternen Gefilden auch kaum vermuten. Umso spannender, dass immer häufiger kleine Brutkolonien auch nördlich der Alpen entstehen. Hängt das mit dem Klimawandel zusammen?

Tatsächlich bewohnt die Gruppe der Bienenfresser mit 24 farbenfrohen Arten vor allem tropische und subtropische Regionen nördlich und südlich des Äquators. Sie gehören nicht zu den Singvögeln, sondern mit anderen lebhaft gefärbten Arten wie Wiedehopf, Eisvogel und Blauracke zu den Rackenvögeln. Die im Film gezeigten Vögel sind Vertreter der einzigen Art, die gelegentlich auch nördlich der Alpen ihre Bruthöhlen gräbt.

In Frankreich findet man kleinere und größere Brutkolonien bis in die Gegend von Paris. Immer häufiger gründen die bunten Vögel aber auch in Deutschland größere und kleinere Kolonien, die allerdings meist schon nach 1 oder 2 Jahren wieder aufgegeben werden. Regelmäßig brüten Bienenfresser in Deutschland nur im Kaiserstuhlgebiet.

Das Superstar-Casting

„Schattenspiele, knisternde Spannung. Effektvoll der Auftritt, schillernd die Gestalten. The Bee-Eaters. Die Bienenfresser. Alles, was eine Boygroup braucht, haben diese hübschen Kerle: makelloses Aussehen, einen Touch Exotik und ein junges, dynamisches Auftreten. Ihr musikalisches Repertoire ist zwar etwas begrenzt, aber die 3 Töne singen sie melodisch und soft. Insgesamt eine starke Show, ein Erlebnis, die Boygroup, die Bienenfresser."

Ausgesprochen gesellig sind Bienenfresser. Auch dort, wo sie nur vorübergehend vor oder nach der Brutzeit auftauchen, tun sie dies fast immer in kleineren oder größeren Trupps, die oft zuerst durch ihre auch im Flug ständig geäußerten rollenden »prrüt«-Rufe auffallen. Viel mehr bringen sie stimmlich auch nicht zustande, allenfalls lassen sie bei Beunruhigung am Nest ein kurzes, pfeifendes »wüt« hören. Fast könnte man meinen, wer von der Natur mit so prächtigem Gefieder ausgestattet ist, hat es nicht nötig, sich auch noch stimmlich künstlerisch hervorzutun. Wahrscheinlicher aber hängt ihr spärliches Stimmrepertoire mit der Tatsache zusammen, dass sie Koloniebrüter sind, womit eine wichtige Funktion des Gesangs – die Reviermarkierung – entfällt.

Ihren Namen tragen die Bienenfresser auf jeden Fall zu Recht. Selbst wo es andere Insekten in reicher Auswahl gibt, ziehen sie Honigbienen allen anderen Insekten vor. Die Vögel entwickeln eine solche Geschicklichkeit beim Fang und anschließenden Abstreifen des Giftstachels, dass sie kaum Gefahr laufen, gestochen zu werden. Sollten Bienen Mangelware sein, fangen sie allerdings auch Hummeln, Wespen, Hornissen und Libellen. Fütternde Bienenfresser benötigen täglich – man wagt es kaum zu sagen – 200–250 Bienen.

So kommt er daher: als schillernde Gestalt im Outfit eines Paradiesvogels.

Neugierig, streitlustig, fruchtbar – kurz: lebenstüchtig wie nur wenige, das ist die Kohlmeise.

Unsere häufigste Meise groß zu beschreiben ist wohl überflüssig: Weiße Wangen hat sie am schwarzen Kopf, ihr Nacken ist grünlichgelb und verläuft bläulich über die Oberseite zum Schwanz hin. Auf den Flügeln ein schmales weißes Band, die Unterseite ist gelb mit schwarzem Mittelstrich – an dessen Länge und Breite man die Männchen erkennt. Wie alle Meisen turnt sie im Geäst ebenso gewandt, wie sie am Boden herumhüpft und zwischen altem Laub nach Insekten und Samen sucht. Gesellig sind Kohlmeisen nur nach der Brutzeit. Dann trifft man sie oft in gemischten Schwärmen, vor allem mit Blau- und Sumpfmeisen, die durchs Land ziehen und im Winter regelmäßig auch an Futterplätzen aufkreuzen.

Die Stimme der Kohlmeise ist nicht gerade die kunstvollste unter den Singvögeln. Ihre Alarmrufe sind ein schnarrendes »terr terr«. Daneben hört man oft ein »pink«, das an den Ruf des Buchfinks erinnert. Ein sumpfmeisenähnliches »zidä« gehört offenbar zur internationalen Meisensprache. Auch der Gesang besteht im Wesentlichen nur aus 2 Tönen, einem tieferen und einem höheren. Doch ist es ganz erstaunlich, was die Kohlmeisen-Männchen mit unterschiedlicher Reihung und verschiedenem Rhythmus alles daraus zu machen verstehen. Das typische »Läuten« klingt etwa wie »zizibäh« oder »züdizizi« und ist im Frühjahr oft schon bei den ersten Sonnenstrahlen zu vernehmen. In der Schweiz hört man aus dieser glockenklaren Strophe das Wort »Zürizitig« heraus, was im Dialekt für die (Neue) Züricher Zeitung steht. Glücklicherweise haben die Schweizer Meisen noch nichts von Urheberrecht und Tantiemen gehört.

Hinsichtlich ihres Lebensraums ist die Kohlmeise nicht sonderlich wählerisch. Man trifft sie überall, wo es Bäume gibt, vom Tiefland bis hinauf zu den mittleren Gebirgsregionen. In Dörfern und Städten, in Gärten, Parks, Laub- und Mischwäldern, überall findet sie ihr Auskommen. Auch bei der Wahl ihrer Nisthöhle sind die Kohlmeisen-Paare nicht heikel. Normalerweise bevorzugen sie Baumhöhlen und Spalten in Steinmauern, nehmen aber gerne auch Nistkästen an und verteidigen sie vehement gegen Blaumeisen und andere Konkurrenten. Das Weibchen baut ein recht ordentliches Nest und beginnt Anfang April mit der Eiablage. Die 5–12 weißlichen Eier mit feiner bis kräftiger hellbrauner Sprenkelung sehen denen anderer Meisen-Arten sehr ähnlich. Das Weibchen brütet 10–14 Tage und wird dabei vom Männchen versorgt. Die Jungen werden von beiden Eltern 15–22 Tage im Nest gefüttert – bevorzugt mit kleinen Raupen, die nahrhaft und leicht verdaulich sind. Auch die Eltern ernähren sich im Sommer hauptsächlich von Insekten und anderen Kleintieren. Im Winter besteht der Speisezettel aus Sämereien aller Art. Am Futterhaus picken sie gern an Rindertalg und anderem Fett.

Übrigens gehören Kohlmeisen zu den lernfähigsten (intelligentesten?) Singvögeln hierzulande. Mit ihrer angeborenen Neugierde erschließen sie sich allerlei ungewöhnliche Brutplätze und Nahrungsquellen, die in ihrem Instinktinventar bestimmt nicht vorgesehen waren. So haben sich englische Kohlmeisen auf das Öffnen von Milchflaschen spezialisiert, um sich am Rahm zu laben.

Das Superstar-Casting

„Aha! Es gibt sie also doch in der Vogelwelt, die publikumsgeilen Selbstdarsteller. Eine Kohlmeise hat sich auf die Bühne gemogelt und produziert sich jetzt im Rampenlicht. Mit ihrer munteren Stimme verkürzt uns die Kohlmeise die Wartezeit auf die Blaue Diva. Die scheue Blaumerle wäre uns zwar lieber, aber als Vorprogramm ist die Meise ja auch ganz nett.“

Blaumeise

Bevor wir uns weiteren Meisen zuwenden, müssen wir doch einmal die uns schon lange beschäftigende Frage stellen, was an diesen unschuldigen Vögelchen eigentlich so närrisch sein soll, dass man von einem etwas verschrobenen Menschen sagt, er habe eine Meise. Beim Kuckuck lässt es sich ja noch irgendwie einsehen, dass man – zumindest im englischen Sprachgebiet – »Verhaltensauffällige« (wie man heutzutage schonend einen nennt, den man früher schlicht als Depp oder Spinner tituliert hat) mit diesem Brutverweigerer vergleicht. Doch worin soll die Verhaltensauffälligkeit der Meisen bestehen? Der Hinweis in Wikipedia, in einem norwegischen Dialekt bedeute »meis« schwächlicher Mensch, leuchtet als Quelle nicht so recht ein. Wir vermuten eher, da wollte einer besonders originell sein und machte aus dem üblichen »einen Vogel haben« die Meise. Was freilich eher auf mangelnde ornithologische Kenntnis als auf Originalität schließen lässt.

Wie dem auch sei. Als einzige Meise mit blauer Kappe, blauem Schwanz und blauen Flügeln kann man die Blaumeise jedenfalls kaum verwechseln. (Und was das oben Gesagte anlangt: Wer hätte nicht gerne so eine hübsche Meise?) Bei den Jungvögeln sind die später blauen Gefiederstellen allerdings noch recht grau; sie unterscheiden sich von den ähnlichen jungen Kohlmeisen nur durch das Fehlen einer schwarzen Kopfplatte und durch den deutlich kürzeren Schnabel, der den Blaumeisen etwas Puppenhaftes verleiht.

Wie die meisten Meisen klettern auch Blaumeisen sehr akrobatisch im dünnsten Geäst, Schilf und an Stauden herum, oft hängend oder kopfüber. Die Rufe und Gesänge der Meisen sind nicht leicht zu unterscheiden, da sie bei wenigen Tönen so vielseitig sind. Im silberhell klingelnden Gesang der Blaumeise ist ein trillerndes Schwirren charakteristisch.

Das niedliche Puppengesicht täuscht: Blaumeisen sind ganz schön streitlustig und können's an Vitalität fast mit Cousine Kohlmeise aufnehmen.

Sumpfmeise

Quicklebendig in den höchsten Wipfeln und am Futterhaus, und im Frühjahr stets zu fröhlichen Liedchen aufgelegt: die Sumpfmeise.

Wenn man doch wenigstens differenzieren würde. Etwa dem Freund in aller Deutlichkeit zu sagen, er habe eine Sumpfmeise, wenn er etwa vorschlägt, bei Regen einen Spaziergang zu machen. Auch könnte man jemand mit hohem Alkoholspiegel vorwerfen, dass er eine Blaumeise habe. Ob sich auch Weidenmeise, Haubenmeise oder Tannenmeise für spezielle Beschimpfungen eignen, müsste man ausprobieren. Je nach Bedarf könnte man auch die nähere Verwandtschaft heranziehen, als da wären: Schwanzmeise, Bartmeise, Beutelmeise oder Spechtmeise. Tatsächlich ist die Meisenfamilie (Paridae) eine recht ausgedehnte Sippschaft. Weltweit kommt man auf 53 Arten. Hinzu kommen 13 Arten von Beutelmeisen, 7 Arten von Schwanzmeisen und 25 Kleiber-Arten. (Für Beschimpfungen aller Art eine geradezu verwirrende Auswahl.) Die meisten heimischen Arten sind relativ leicht unterscheidbar. Nur die Sumpfmeise hat in der Weidenmeise einen Doppelgänger, den man am besten an der Stimme unterscheidet, sofern man nicht gleich auf eine Unterscheidung verzichtet. Zum Glück kommen Weidenmeisen selten in Gärten, sie sind überhaupt viel seltener.

Zur Brutzeit kann man die wirklich problematischen Zwillingsarten Sumpf- und Weidenmeise auch an ihren Lebensräumen und Stimmen gut unterscheiden. Das Lied der Sumpfmeise besteht aus einer Folge 1-silbiger Töne, etwa »tjipp-tjipp-tjipp…« oder auch 2-silbig »pitji-pitji-pitji…«. Während die Weidenmeise 2 ganz verschiedene Lieder singt: ein wehmütig pfeifendes »ziüh ziüh ziüh…« und eine schwätzende Strophe heller Töne, die mit einem Triller endet.

Sumpfmeisen bevorzugen als Nistplätze Naturhöhlen in Mauern, Felsen, Erdlöchern und Wurzeltellern, vor allem aber in ausgefaulten Stämmen und Ästen, die durch Picken und Zupfen ausgebaut werden. Obwohl sehr brutplatztreu, ziehen sie im Winter mit anderen Meisen umher und kommen auch ans Futterhaus.

Tannenmeise

Auf den ersten Blick hat diese kleine Meise eine gewisse Ähnlichkeit mit der Sumpfmeise: schwarz-weiße Kopfzeichnung, graue Oberseite, helle Unterseite. Auf den zweiten Blick erkennt man bei der Tannenmeise einen großen weißen Nackenfleck und 2 weiße Flügelbinden.

Das Stimmrepertoire ist durchaus beachtlich. Typisch sind nasale Erregungsrufe, wie man sie ähnlich bei keiner anderen Meise findet. Bei Luftalarm (wobei die Aufregung meistens von einem Sperber ausgeht) warnen sie mit langen »sisisisi ...«-Reihen. Der Gesang ist hingegen nicht gerade superstarverdächtig, dafür aber ziemlich charakteristisch. Er besteht aus wetzenden »wietze-wietze-wietze ...«-Serien.

Tannenmeisen leben, wie der Name sagt, in Nadelwäldern oder größeren Baumgruppen mit Koniferen. Wo in einem Garten 2 oder 3 ältere Fichten oder Tannen wachsen, kann das durchaus genügen, ein Paar Tannenmeisen zur Brut anzuregen. Höhepunkt im Leben einer Tannenmeise ist – wenn man so sagen darf – die Zeit der Fortpflanzung. Ob ihre Ehen wirklich auf Partnertreue begründete Dauerehen sind (wie das ja immerhin von Graugänsen und vielen anderen Vogelarten bekannt ist) oder ob die Tatsache, dass beringte Tannenmeisen-Paare mehrere Jahre lang bei der gemeinsamen Jungenaufzucht beobachtet wurden, nur auf einer ausgeprägten Ortstreue beruht, lässt sich nicht ohne Weiteres entscheiden. Ist wohl auch nicht nötig, da wir ohnehin unsere Moralvorstellungen nicht auf Tannenmeisen übertragen wollen.
Wie alle Meisen brüten auch Tannenmeisen in Höhlen – natürlichen Baumhöhlen, Löchern im Boden, in Mauern oder Felswänden. Gerne beziehen sie auch Nistkästen, wobei sie enge Fluglöcher (26 mm) bevorzugen.

Sie ist von Kopf bis Fuß auf Nadelbäume eingestellt, ja, das ist ihre Welt, die Welt der Tannenmeise.

Kleiber

Dieser akrobatische Kletterer verhält sich wie ein Specht. Verwandt ist er aber keineswegs mit den Spechten, die ja nicht einmal zu den Singvögeln gehören. Seine Verwandtschaft zu den Meisen – man nennt den Kleiber auch Spechtmeise – ist allerdings auch eher weitläufig. Näher steht er den Baumläufern, diesen kleinen braunen Stammkletterern mit dem leicht gebogenen Schnabel.

Doch zurück zum Kleiber. Wenn Sie einen kleinen energischen Vogel mit blaugrauem Rücken und rostrotem Bauch in allen Positionen an Stämmen und Ästen herumklettern sehen, so können Sie sicher sein: Es ist der Kleiber. Der kräftige schwarze Augenstreif gibt ihm etwas Banditenhaftes. Dieser Eindruck ist aber natürlich ein rein menschlicher. Wenn sein Aussehen an Banditen erinnert, so seine Pfiffe an Gassenjungen. (Wer hat sich schon mal danach umgedreht?) Darüber hinaus hat er ein rasches »wiwiwiwiwiwi…« und ein durchdringendes »piüpiüpiü…« im reichhaltigen Repertoire.

Wenn Spechte als die Zimmerer gelten, dann sind Kleiber die Maurer. Sie verengen nämlich mit Lehm den Eingang der gefundenen Höhle auf Körpermaß. Selbst das große Loch eines Entenbrutkastens haben sie schon ver-»kleibt« – und scharfe Kanten und Ecken im Innern gleich dazu. Bezogen werden Spechthöhlen, ausgefaulte Baumhöhlen, Mauerlöcher und Nistkästen. Merkwürdig ist Frau Kleibers Vorliebe für die hübschen rötlichen Rindenplättchen der Kiefer als Nestunterlage. Denn eigentlich sind Laubgehölze ihr eigentlicher Brotbaum. Doch für Kiefernrinde fliegen sie weit. Vielleicht verfügen sie über einen ungeahnten Schönheitssinn: Denn auf den mahagonifarbenen Kieferplättchen nehmen sich die rosa gefleckten Kleibereier ganz besonders hübsch aus.

Auch wenn es »anthropomorsch« klingt (wie Konrad Lorenz zu sagen pflegte), aber der Kleiber macht wirklich einen ausgesprochen kecken Eindruck.

Dass die hübsche Blaumerle hier so struppig aussieht, hat nichts mit Krankheit oder schlechtem Friseur zu tun.

Das Superstar-Casting

„Wir filmen den Auftritt der Blauen Diva. Als Bühne hat sie den weiten Himmel Spaniens gewählt. Die Blaumerle präsentiert sich im Singflug. Mit ihrem abgehobenen Gehabe macht sie es uns nicht leicht. Still halten und brav ins Mikro singen, das ist nicht ihr Ding. Menschliche Stars würden sich vor die Kamera drängen. Unser Vogel verdrückt sich hinter dem Fels. Genau hier haben wir die Merle vor 15 Jahren gefilmt. Damals hat sie für ihren Auftritt den Bayerischen Fernsehpreis bekommen. Langsam dämmert's uns, der Ruhm ist ihr wohl zu Kopf gestiegen. Die Blaue Diva kommt nicht mehr auf den Boden. In Journalistenkreisen ist es gang und gäbe, bei zickigen, kamerascheuen Stars Material aus dem Archiv zu senden. Gut, auch wir können an unsere Konserven gehen. Tatsächlich, das lohnt sich, die Blaumerle noch mal auf den Monitor zu holen. Was für ein Bild, ganz in Blau, dazu diese Stimme. Eine extravagante Erscheinung und einmalig in Europa.“

Sie sieht nicht nur so aus und hört sich nicht nur so an – sie ist auch eine Drossel. Allerdings eine seltene und besonders scheue. Wie ihr naher Verwandter, der Steinrötel, lebt sie in den Gebirgen und felsig-steinigen Landschaften Südeuropas. Dort ist sie auch ganzjährig anzutreffen, im Gegensatz zum Steinrötel, der sein Brutgebiet im Herbst verlässt und den Winter in Afrika verbringt. Als nicht ziehender Standvogel ist die Blaumerle entsprechend zurückhaltend, was ihre nördlichen Ausbreitungstendenzen in den Alpen anlangt. Nur bis Meran und in die Südschweiz sind kleine Populationen vorgedrungen. Während der Steinrötel als Sommervogel einen viel größeren Teil der Alpen besiedelt und sogar am Alpennordrand vereinzelt brütet.

Der Gesang der Blaumerle – Sie hören es im Film – ähnelt mit seinen angenehm flötenden Tönen durchaus dem anderer heimischer Drosseln. Manchmal meint man eine Misteldrossel, manchmal das kratzende Lied einer Wacholderdrossel zu vernehmen. Besonders charakteristisch sind die häufigen Triller und Roller, die man so in den Gesängen anderer Drosseln nicht zu hören bekommt. Eher ungewöhnlich auch die Eigenart, nicht nur von erhöhten Warten aus, sondern auch im Flug zu singen. Das tut ansonsten nur noch die Wacholderdrossel, wenn auch nicht im lerchenähnlichen Kletter- und Schwebflug, sondern mehr im Hinüberflattern von einem Baum zum anderen. Auf jeden Fall muss man dem Kommentator des Films recht geben: Die Blaumerle ist in Aussehen und Gesang zweifellos eine recht extravagante Erscheinung.

Es zeugt von sexueller Erregung, wenn dem Blaumerlen-Mann beim Singen sämtliche Federn zu Berge stehen.

Haushahn

Die Lautäußerungen der Hühnervögel sind beschränkt. Von Gesang wagt man kaum zu sprechen. Trotzdem hat das »kickerikie« das Haushahns, ebenso wie das »pickwerwick« der Wachtel oder das »kierrick« der Rebhühner durchaus die gleiche Funktion wie der Gesang der Singvögel: Die Männchen markieren damit ihre Reviere und signalisieren so Rivalen ein »Besetzt« und ledigen Damen ein »Besuch erwünscht«.

Unser Haushuhn stammt vom südostasiatischen Bankivahuhn ab. Freilich sieht man unter all den Zuchtformen heute nur noch selten einen dieser prächtig gefärbten Gockel mit goldener Halskrause, dunkelgrün schimmernden Schwanzfedern und königsrot aufragendem Hahnenkamm, die der Stammform (abgesehen von der Größe) noch sehr ähnlich sehen. Das Bankivahuhn gehört zu den sogenannten Glattfußhühnern, die im Gegensatz zu den Raufußhühnern keine Befiederung an ihren Gehwerkzeugen tragen. Weitere exotische Vertreter der Glattfußhühner in unseren Landen sind der aus Persien stammende Jagdfasan und der in Indien beheimatete Pfau. Aber neben den bereits genannten Wachteln und Rebhühnern gibt es auch noch einige weitere europäische Glattfußhühner. So die sehr ähnlich aussehenden, hauptsächlich südeuropäischen Rot-,

Links: Mit heißem Atem ruft er sein »kickerikie« in den kühlen Morgen. Nur die weiße Schwanzfeder zeugt von leichter Degeneration.

Rechts: Die menschliche Obhut ist dem ehemaligen Bankivahahn offenbar prächtig bekommen. Groß und kräftig wacht er über seinen Harem.

Stein-, Felsen- und Chukarhühner und den bei uns leider sehr selten gewordenen Wachtelkönig, der nachts sein monoton kratzendes »krexkrex« hören lässt. Die Mehrzahl der 187 Glattfußhühner-Arten, darunter viele prächtig gefärbte, lebt aber in den Tropen.

Der Vollständigkeit halber seien hier auch noch die heimischen Vertreter der Raufußhühner genannt, bei denen es sich allesamt um wetterharte Bewohner hoher Gebirge oder nordischer Regionen handelt. Die dichte Befiederung ihrer Füße hat also einen guten Grund. Zu dieser Gruppe gehören das von Schottland über Skandinavien bis Sibirien verbreitete Moorschneehuhn und das mit ihm nah verwandte Alpenschneehuhn sowie Auerhuhn, Birkhuhn und Haselhuhn. Verglichen mit den meist krächzenden »Gesängen« fast aller Vertreter der Hühner klingt das stolze Kickerikie unseres Gockelhahns immerhin fast melodisch – auch wenn es notorischen Langschläfern ganz schön auf die Nerven gehen kann.

Das Superstar-Casting

„Señor Gockelhahn, ein echter Macho, eine stolze Erscheinung. Sein Krähen beeindruckt mehr als 20 Hühner. Der Hahnenschrei. Als Gesang hat das bisher noch niemand bezeichnet. Wir wollen den Hahn außer Konkurrenz krähen lassen, weil er ein Haustier ist und nicht aus Europa stammt. Er ist ja ohnehin mit seiner Stimme schon sehr berühmt geworden. Auf dem Bauernhof, bei seinen Schafen und Hühnern, ist der Hahn Superstar. Im internationalen Vergleich wird's wohl nicht reichen.“

Weißstorch

In einem Gesangswettbewerb haben sie eigentlich nichts verloren, denn Klapperstörche können eben nur klappern.

Er ist unser Storch schlechthin. Niemand spricht von Weißstörchen, wenn einem freudig erregt von einer Begegnung mit diesen gravitätischen, schwarz-weiß-roten Vögeln berichtet wird. Die meisten Menschen schauen verdutzt, wenn man fragt, ob es denn nicht vielleicht Schwarzstörche waren, die da mit ausgestrecktem Hals und langen Beinen am Himmel segelten. Schwarzstörche? Nein, die waren ja unterseits ganz weiß. Nur am Bauch? Oder auch an Hals und Flügeln? Schwarzstörche haben nämlich ebenfalls einen weißen Bauch. Ach – so genau haben wir da nicht hingeschaut, heißt es dann meistens.

Noch vor wenigen Jahren wären solche Fragen zur Unterscheidung unserer beiden heimischen Storcharten ziemlich überflüssig gewesen. Schwarzstörche waren in Mitteleuropa so selten wie ein Treffer im Lotto. Ihr Verbreitungsgebiet erstreckt sich von Polen nach Osten. Und an den Grenzen ihrer Brutareale sind alle Tier- und Pflanzenarten selten und leicht auszurotten. So auch hierzulande, wo die in Wäldern lebenden, scheuen Schwarzstörche bereits Mitte des 19. Jahrhunderts nahezu völlig verschwanden. Erst 100 Jahre später setzte eine langsame Erholung ein, die in den letzten Jahren zu erstaunlich vielen Neu-

Das Superstar-Casting

„Die Jungs am Schlagzeug. Die Störche klappern.
Das ist ihre Art von Musik. Instrumentallaute statt Gesang."

ansiedlungen geführt hat, sodass man etwa in Südbayern, wo Weißstörche als Brut- wie als Zugvögel eher eine Rarität sind, heute mit fast gleicher Wahrscheinlichkeit einem weißen wie einem schwarzen Storch begegnen kann. Wobei die Zahl der brütenden Schwarzstörche hier inzwischen höher liegen dürfte als die der brütenden Weißstörche. Doch die Unterschiede zwischen Weiß- und Schwarzstörchen beschränken sich nicht nur auf ihr Federkleid und ihre Brutplätze. Auch in ihren Ernährungsgewohnheiten weichen sie deutlich voneinander ab. Wenn man 100 Menschen fragt, was die Lieblingsspeise des Klapperstorches sei, so wird man von 95 die Antwort bekommen: Frösche. (Tatsächlich geht die Geschichte vom Storch, der die Kinder bringt, wohl auf Beobachtungen an Störchen mit einem Frosch im Schnabel zurück: Mit viel Fantasie ähnelt so ein halbtoter Frosch ja einem Baby – oder sagen wir: einer menschlichen Frühgeburt.)

Wenn Frösche wirklich die Hauptnahrung unserer Störche wären, hätten sie in unseren immer froschärmeren Landschaften kaum noch Überlebenschancen. Tatsächlich erbeuten Weißstörche hierzulande überwiegend Wühlmäuse und Regenwürmer. Und in mediterranen Ländern, wo nicht nur das Klima der Jungenaufzucht ungleich förderlicher ist als bei uns, leben Störche hauptsächlich von Heuschrecken, Eidechsen und Schlangen. Demgegenüber sind Schwarzstörche weit mehr an Feuchtgebiete gebunden, in denen sie sich von Wasserinsekten, Fischen und Amphibien ernähren.

Groß ist der Unterschied zwischen Weiß- und Schwarzstorch auch bei den Lautäußerungen. Während Weißstörche außer dem im Film zu sehenden und zu hörenden Schnabelklappern allenfalls dann und wann ein Zischen vernehmen lassen, sind Schwarzstörche durchaus stimmbegabt. Beim Kreisen lassen sie einen melodischen Flugruf (»fuo«) hören, am Horst ein leises »huji-ji«, bei Störung ein lauteres »ha-hi« und lang gezogene fauchend-pfeifende Rufe. Geklappert wird bei den schwarzen Waldbewohnern offenbar nur ganz selten.

Weißstörche brüten übrigens keineswegs nur auf Hausdächern. Im Osten und Süden Europas bevorzugen die Langbeiner teilweise frei stehende Bäume und brüten auch auf Heuhaufen, Holzstöcken oder gleich am flachen Boden.

Wiedehopf

Damit man sein »upup« ordentlich weit hört, bläst der Wiedehopf seine Kehle zum Resonanzboden auf.

Ein merkwürdiger Vogel mit einem merkwürdigen Namen. Das etymologische Wörterbuch leitet den Namen Wiedehopf vom althochdeutschen wituhoffa ab – was uns leider auch nicht weiterhilft. Dann heißt es: »Herkömmlich wird der Vogelname als ›Waldhüpfer‹ gedeutet…« Was jedem, der diesen ulkigen Vögeln schon einmal begegnet ist, die Haare aufstellt, wie die Haube des Besagten. Begegnet man den Bodenjägern doch fast ausschließlich auf kurzrasigen Wiesen und Weiden, in Heide- und Steppenlandschaften, in den offenen Savannen des Winterquartiers. Freilich soll er gelegentlich auch in lichtungsreichen Kiefern- und Auwäldern jagen und brüten… Trotzdem neigen wir zu der Vermutung, dass sich das »Wiede« in seinem Namen eher von der Weide als vom Wald herleitet.

Bei der Herkunft des Wortes »Hopf« sind wir kompromissbereiter. Zumal auch die Sprachforscher nicht recht zu wissen scheinen, ob darin eine Beziehung zum Wort hüpfen zu sehen ist oder aber eine zu seinem lateinischen Namen Upupa, der eindeutig lautmalerischen Ursprungs ist und, wie in vielen anderen Sprachen und Dialekten, auf das monotone »upup« seines Liedes zurückgeht. Als etymologischer Laie würde man ja auch eine Verbindung zwischen Hopf und Schopf ver-

Das Superstar-Casting

„Der Wiedehopf. Er hat nur den Refrain auf Lager.
Und immer noch der Wiedehopf mit der gleichen Leier.
Ein einfaches Motiv, wiederholt, bis es zum Ohrwurm
wird, ein bewährtes Schlagerrezept."

muten. Doch bekanntlich haut man mit dem gesunden Menschenverstand in solchen Dingen leicht daneben. Leider ist der bunte Wiedehopf in weiten Teilen Mitteleuropas zumindest als Brutvogel eine große Rarität geworden. Sein Verbreitungsschwerpunkt liegt ohne Zweifel in den mediterranen Ländern, von Spanien bis in die Türkei. Aber auch in Teilen Frankreichs und vor allem in Osteuropa hat der exotisch anmutende Vogel kein Problem, bis zur Höhe von St. Petersburg nach Norden vorzudringen und mancherorts durchaus in stattlichen Zahlen zu brüten. Hierzulande darf man allenfalls im Frühjahr einen neidischen Blick auf einige rastende und bald nach Nordosten weiterziehende Wiedehopfe werfen. Zur Brut entschließen sich bei uns nur noch wenige. (Ein Satz, der nicht auf den Wiedehopf allein zutrifft.)

Wer dem Wiedehopf nur auf dem Durchzug begegnet ist und ihn als Besucher kurzrasiger Wiesen - vom Gebirge bis zum Fußballplatz - kennt, wird erstaunt sein, wo man ihn zur Brutzeit überall finden kann. Als Höhlenbrüter sucht er sich seine Kinderwiege, wo er sie eben finden kann: in Kiefern- und Auwäldern mit Lichtungen, in Obstgärten und Weinanbauflächen. Als Nistplatz wählt er gerne auch verfallene Feldscheunen.

Zu den Gesangskünsten des Wiedehopfs lässt sich wenig mehr sagen als im Film zu sehen und hören ist. Vielleicht sollte man erwähnen, dass die »upup«-Strophen keineswegs immer nur 2-silbig, sondern häufiger noch 3-silbig erschallen. Das auch im Film zu hörende raue Krächzen wird bei Erregung gedehnt und am Nest kürzer geäußert. Schließlich kann man noch ein hohes Rollen als Fütterungsruf vernehmen. Die Jungen betteln mit hohen »sieh«-Rufen.

Wiedehopfe werden verdächtigt, in ihren Kinderstuben mangele es an der nötigen Sauberkeit und Ordnung. Tatsache ist, dass die Jungen – wie manch andere Höhlenkinder auch – in der letzten Nestlingswoche ihren Kot nicht wohlverpackt der Mutter zur Entsorgung überreichen, sondern in kräftigem Strahl nach außen befördern. Den Ruf, kleine Stinktiere zu sein, verdanken sie jedoch einem übel riechenden Sekret der Bürzeldrüse, das sie mit flüssigem Kot gegen Störenfriede einsetzen. Recht so!

Haubentaucher

Der etwa stockentengroße, aber schlankere Haubentaucher ist der größte unserer heimischen Taucher. Auch auf große Entfernung ist der lange weiße Hals des Haubentauchers zu allen Jahreszeiten ein gutes Kennzeichen. Im Sommerkleid tragen beide Geschlechter eine auffallende schwarze Doppelhaube und einen orangebraunen, schwarz gesäumten Backenbart. Im Winter sind Gesicht und Hals weiß, die dunkle Kappe steht nur leicht haubenförmig ab. In diesem Kleid kann man den Haubentaucher mit dem Rothalstaucher verwechseln, dessen Hals aber kürzer, stämmiger und grauer erscheint. Im Winter können auch die wesentlich größeren und massiver gebauten sogenannten Seetaucher (Eis-, Pracht- und Sterntaucher) zu Verwechslungen mit dem Haubentaucher Anlass geben. Diese Gäste aus dem Norden liegen jedoch meist tief im Wasser und tragen

Das Superstar-Casting

„Wir haben einen Termin bei den Haubentauchern. Stimmlich sind die nicht gut drauf, klingen, als hätten sie einen Frosch im Hals. Sie finden's aber toll, ihr Gesangsduett. Ihre Stimme haut uns nicht vom Hocker, aber das Wasserballett, das bringt's."

Links und rechts: Oft schon im Februar/März ziehen die Haubentaucher die große Schau ihrer Balz ab. Sie sind sonst nämlich ziemlich streitsüchtig, und die Balz dient dazu, aggressive Tendenzen zu unterdrücken. (Sollte man vielleicht einmal Politikern und Generälen empfehlen.) Das richtige Rollenspiel gewährleistet dabei auch, dass es nicht zu Homo-Ehen kommt.

ihren Schnabel in der Regel leicht erhoben. Im Flug wirken alle Lappentaucher (nicht die Seetaucher) durch hängenden Kopf und hängende Beine bucklig. Der weiße, nur von einem bräunlichen Längsband durchzogene Innenflügel kennzeichnet im Flug den Haubentaucher.

Der Haubentaucher ist ein in ganz Europa verbreiteter Brutvogel. Auch bei uns gehört er zu den verbreiteten und lokal häufigen Brutvögeln fischreicher Süß- und Brackwasserseen. Überwintert wird innerhalb und südlich der Brutgebiete auf Binnen- und geschützten Küstengewässern. Die Vögel weichen oft lokalen Kälteeinbrüchen kurzfristig aus und wechseln auch nahrungsbedingt rasch das Wintergewässer.

Bereits im März beginnen sich die winterlichen Trupps aufzulösen und die Paare abzusondern. Die Balz erstreckt sich über mehrere Wochen und ist – wie im Film zu sehen – sehr auffällig: Die Partner schwimmen – oft mit vorgestreckten Hälsen – aufeinander zu, richten sich dann hoch aus dem Wasser auf – häufig mit Nistmaterial im Schnabel –, schütteln die Köpfe und lassen dabei weitreichende, bellende Rufe (»grök«) ertönen. Außerdem hört man raue, tiefe Laute wie »quorr« oder »rrro«, in der Balz auch stöhnende Geräusche wie »ähw«. Das Nest wird meist am seeseitigen Röhrichtrand, oft aber auch ganz frei auf Schwimmblättern oder im Wasser liegenden Ästen errichtet. Da es schwimmt, kann es bei Hochwasser in gewissem Maße mitsteigen, gegen Verdriftung ist es aber mit der Vegetation verbunden. Das Gelege wird wie bei allen Tauchern beim Verlassen mit Nistmaterial abgedeckt. Beide Partner brüten 27–29 Tage. Die schwarz-weiß längs gestreiften Jungen können sofort nach dem Schlüpfen schwimmen und tauchen, werden aber bis zu 3 Wochen immer wieder von den Alten im Rückengefieder getragen und bis zu 11 Wochen gefüttert. Die Nahrung besteht aus kleinen Fischen, Wasserinsekten, Kaulquappen und Fröschen.

Drosselrohrsänger

Die hochragenden Wedel des Altschilfs sind ein beliebter Platz für Gesangsdarbietungen.

Mit den Rohrsängern verhält es sich ähnlich wie mit den Grasmücken – vielleicht noch schlimmer. Sie sehen alle gleich aus (mehr oder weniger), und ihre Gesänge sind zwar unterschiedlich, aber komplex und nicht leicht zu merken. Eine gewisse Ausnahme bildet der Drosselrohrsänger. Er ist der größte unter den heimischen Rohrsängern, fast starengroß, aber schlanker. Aber mit der Größe ist das so eine Sache. Wenn direkte Vergleiche fehlen, kann man sich gründlich verschätzen. In allen anderen äußeren Merkmalen unterscheidet er sich nur minimal vom kleineren und viel häufigeren, ebenfalls höchst unauffällig gefärbten Teichrohrsänger, der noch dazu den gleichen Lebensraum bewohnt: wassernahe Schilfflächen.

Stimme und Verhalten sind die einzig zuverlässigen Unterscheidungsmerkmale. Wie man im Film hört, besteht der Gesang des Drosselrohrsängers aus knarrend tiefen und sich überschlagend hohen Tönen, was ihm vielerorts den Namen Karrekiet eingetragen hat. Seine Stimme ist ausgesprochen kräftig und weit zu hören. Wogegen der Teichrohrsänger – ebenso wie Schilf- und Sumpfrohrsänger – sein Lied eher verhalten vorträgt. Beide, Teich- und Drosselrohrsänger, sind im Vergleich zum überaus fantasievollen, abwechslungsreichen, andere Vogel-

Das Superstar-Casting

„Eine Stimme wie ein Reibeisen. Damit ist schon mancher berühmt geworden. Und der Drosselrohrsänger hat sich aus tiefstem Herzen voll und ganz diesem Typus verschrieben. Harte Stimme, weicher Kerl. Das kommt überall gut an."

stimmen imitierenden Sumpfrohrsänger (der zu den besten Sängern unserer heimischen Vogelwelt überhaupt gehört) eher mäßige Interpreten. Das Lied des Teichrohrsängers hört sich manchmal an wie eine einschlafende Nähmaschine. Wegen seiner rhythmisch wiederholten kratzenden kurzen Strophen wird er auch Metronomvogel genannt.

Der Drosselrohrsänger stellt deutlich höhere Ansprüche an seinen Schilflebensraum als der Teichrohrsänger. Zwar besiedelt er ganz Europa außer Großbritannien und Skandinavien, gilt bei uns aber seit Jahren als vom Aussterben bedrohter Brutvogel. Bevorzugt werden hohe und dichte Schilfbestände an und vor allem in größeren Gewässern. In Gebieten, wo beide Arten zusammen vorkommen, findet man den Teichrohrsänger mehr im landseitigen Schilf, den Drosselrohrsänger am wasserseitigen Schilfrand. Hier flicht er sein napfförmiges Nest stets über dem offenen Wasser nach echter Rohrsängerart kunstvoll zwischen die höheren Schilfhalme.

Der knarrend-quietschende Gesang ist so kräftig, dass man ihn einen halben Kilometer weiter hört.

Grauammer

Man sollte meinen, so ein unscheinbarer Vogel fände auch in noch so ausgeräumten Agrarlandschaften seinen Platz.

Wie man im Film sieht, macht die Grauammer in puncto Gefiedermode nicht viel her. Man muss schon sehr genau hinschauen, um die dezenten Reize der hell-dunklen Muster vor allem im Flügel zu entdecken. Von Weitem wirkt sie noch schlichter als ein Spatz. Allerdings ist sie deutlich größer als Haus- und Feldsperling. Ein kräftiger, gedrungen wirkender Vogel ist sie, mit verhältnismäßig kurzem Schwanz. Das gesamte bräunlichgraue Federkleid ist dunkler gestrichelt, die Unterseite etwas heller. Wie bei den körnerfressenden Ammern üblich, verfügt sie über einen kräftigen, gelblichen Schnabel. Ihr Flug wirkt plump und spatzenähnlich, oft lässt sie dabei die Beine hängen.

Ihr Lied lassen die Männchen in der Regel von einer Sitzwarte in der Spitze eines Busches oder von nicht zu hohen Drähten herunter ertönen. Ein klirrender, nicht sehr wohlklingender Gesang ist das: »bit bit bit … schnirrrps«. Die Strophe beginnt ähnlich wie die der Goldammer, endet aber mit dem Rasseln eines Schlüsselbundes. Der Ruf ist ein hartes »tick«, das meist im Flug geäußert wird, auch mehrmals hintereinander.

Die Grauammer ist in ganz Europa außer Skandinavien verbreitet, bei uns freilich nur im Tiefland und auch da nur stellenweise und nirgends häufig. Am liebsten sind ihr buschreiche Feldfluren

Das Superstar-Casting

» Einfaches **Liedchen**, einfaches Kleid, und Wind als **Bühneneffekt**. Der beschwingte Auftritt der Grauammer. Action auf der Bühne ist alles. Wie bei den Popstars. Die Zuschauer können **dem Auftritt kaum mit den Augen** folgen, der Mann an der Kamera verzweifelt. Aber wildes **Gezappel** peppt so manche **Darbietung** auf. «

und extensiv genutzte Wiesen. Beides eher seltene Landschaftstypen im intensiv bewirtschafteten Mitteleuropa. Das Nest wird in der Regel direkt auf dem Boden im Schutz der Vegetation errichtet. Die Legezeit beginnt im Mai und dauert bis August. Bei 2–3 Bruten im Jahr und 4–6 Eiern je Gelege sollte man meinen, die Grauammern hätten gute Aussichten, aus den Roten Listen wieder zu verschwinden. Offenbar sind sie aber so wählerisch hinsichtlich der Landschaftsstrukturen, dass sie sich gar nicht erst zum Brüten niederlassen. Wahrscheinlich erleiden sie auch hohe Verluste durch die oft reichlich übertrieben erscheinenden Pflegemaßnahmen, die ihr jede Deckung nehmen.

Tatsächlich wird die Grauammer immer seltener und gilt als »stark gefährdet«. Vielleicht auch deswegen, weil sie vielerorts nicht einmal mehr einen erhöhten Zweig findet, von dem aus das Männchen sein klirrendes Lied vortragen kann.

Goldammer

Sentimentale haben der Goldammer den Text eines verliebten Stotterers untergeschoben: »wie-wie-wie – wie-hab-ich-dich-lieb«.

Der Name Ammer hängt mit der alten Getreidesorte Dinkel oder Emmer zusammen und weist auf die Ernährungsgewohnheiten dieser Körnerfresser hin. Goldammer-Männchen erkennt man leicht an ihrem goldgelben Kopf, den in ähnlicher Weise allenfalls noch der kleine Girlitz (S. 76) aufweist. Im Übrigen herrschen warme, braune Töne vor, wobei besonders der rostbraune Bürzel sehr charakteristisch ist (vor allem bei abfliegenden Vögeln). Daran sind auch die Weibchen zu identifizieren, die weniger Gelb tragen und dafür mehr tarnfarben grau-braun-schwarz gestrichelt sind.

Im Winter sieht man Goldammern meist in Schwärmen (oft mit anderen Ammern und Finken) auf Feldern, im Sommer einzeln auf Buschspitzen und Hecken, von wo aus das Männchen seine gemütliche Strophe hören lässt: »zi-zi-zi-zi-zi-zi-züüüh«. Nicht besonders einfallsreich, doch auf jeden Fall ein Stimmungsmacher für heiße Sommertage, wenn man sich gern ins duftende Gras legt. Man könnte meinen, die Goldammer-Männchen hätten bei den Gesängen der Grillen Anleihen gemacht. Tatsächlich singen sie oft im Duett.

Abwechslungsreiche Landschaften mit Büschen und Hecken und Flächen unterschiedlicher Vegetationshöhe, Waldränder, Bahndämme, Wegränder, Randlagen menschlicher Siedlungen – das sind ihre bevorzugten Lebensräume. Das ganze Jahr über ernähren sich Goldammern von vielfältigen Sämereien, die teils vom Boden aufgesammelt, teils von den Pflanzen geerntet werden. Im Sommer spielen aber auch Insekten und deren Larven sowie Bodentiere eine wichtige Rolle, vor allem bei der Ernährung der Jungen. Im Winter wird man die dann nicht mehr ganz so goldenen Ammern als Stammgäste am Futterhaus antreffen – zumindest in halbwegs ländlicher Wohnlage.

Gelbspötter

Man nennt ihn auch Gartenspötter, diesen recht unscheinbaren kleinen Vogel, obwohl er nur ausnahmsweise in Gärten anzutreffen ist – sofern diese den Charakter von lichten Laubwäldern oder Parks mit altem Baumbestand und dichtem Gebüsch haben. Hauptsächlich hört man ihn (zu sehen bekommt man ihn selten, und wenn doch, ist er wegen seines eher bescheidenen Outfits nicht leicht zu erkennen) in Auwäldern, feuchten Eichen-Hainbuchen-Mischwäldern, Feldgehölzen, Friedhöfen und englischen Parks. Sein Verbreitungsgebiet erstreckt sich von Westsibirien bis knapp über den Rhein. Raueres Klima scheut er im höheren Norden geradeso wie in den höheren Lagen des Berglandes. In unseren Mittelgebirgen trifft man ihn über 500 m Höhe allenfalls in Ortschaften an; in den Alpen wurden Bruten immerhin bis in eine Höhe von 1200 m gefunden.

Der Gelbspötter ist keineswegs so gelb, wie sein Name vermuten lässt. Oberseits trägt er Olivgrün mit dunkleren Flügeln, und die Unterseite ist nur verwaschen gelblich oder gar nur schmutzig beigeweiß. Man kann ihn durchaus mit Zilpzalp (siehe S. 66) oder Fitis verwechseln, diesen beiden unscheinbaren Laubsängern.

Von seinem Winterurlaub kehrt er erst im Mai zurück, zieht dann allerdings bald die Aufmerksamkeit durch seinen kräftigen Gesang auf sich. Die Bezeichnung Spötter ist ja durchaus zutreffend, denn man kann in seinem abwechslungsreichen Lied die Stimmen einer ganzen Reihe anderer Vögel erkennen. Typisch für ihn ist aber sein schneller, 3-silbiger Ruf »te-te-üit«, den er samt einem ebenfalls kennzeichnenden nasalen »giiäh« auch in seinen Gesang einbaut. Bereits im August verlassen uns die Gelbspötter wieder in Richtung Süden.

Eher unscheinbar, der Gelbspötter, aber mit musikalischem Talent gesegnet.

Orpheus-spötter

Er singt wie ein Wilder, und vor lauter Erregung sträuben sich ihm dabei alle Federn.

Ein menschlicher Spötter unterscheidet sich von einem Spottvogel durch die böse Absicht. Jemanden verspotten heißt, den Betreffenden zu verhöhnen, ihn auf mehr oder weniger humorvolle Art und Weise lächerlich zu machen – zu verarschen, würde man heute in derber Jugendsprache wohl sagen. Bei den Vögeln hat das Wort spotten ausschließlich die Bedeutung von nachahmen, imitieren (was ja auch bei menschlichem Hohn und Spott manchmal eine Rolle spielt). Und mit ziemlicher Sicherheit steckt keine üble Absicht dahinter, wenn Vögel die Stimmen anderer Vögel oder irgendwelche Geräusche nachahmen (siehe Star, S. 80).

Warum Vögel Laute aus ihrer Umgebung imitieren und in ihren angeborenen Gesang einflechten, ist vielleicht eher eine philosophische als eine naturwissenschaftliche Frage. Fest steht, dass bei sehr vielen guten Sängern – und natürlich auch bei den weniger musikalischen Papageien und Konsorten – angeborene

Das Superstar-Casting

"Das hört sich gekonnt an, das hat Power, das Lied des Orpheusspötters. Orpheusspötter, ein Name, der verpflichtet. Orpheus, der berühmte Sänger der Antike, brachte mit seinem Gesang sogar die Felsen zum Weinen. Ob das griechische Original aber auch so schnell gesungen hat wie der Orpheusspötter, ist nicht überliefert. Uns gefällt das Tempo, der Schwung und der Druck im Lied des Orpheusspötters. Und wir können uns durchaus vorstellen, dass er nicht nur als Sänger, sondern mit seiner hektischen Stimme auch als Hitparadenmoderator eine Chance hat."

durch erlernte Elemente oft in erheblichem Umfang bereichert werden. So sind etwa im kunstvollen Gesang unseres Sumpfrohrsängers oder unseres Blaukehlchens so viele fremde Vogelstimmen auszumachen, dass man von einem regelrechten Potpourri sprechen kann. Ob solche Plagiate von biologischem Nutzen sind (Fahren die Weibchen darauf ab? Werden Rivalen dadurch wirksamer abgeschreckt?), ist unklar. In einschlägiger Literatur wird die Vermutung geäußert, das Spotten »diene lediglich der Vergrößerung des eigenen Lautrepertoires ohne allzu großen Aufwand an Informationsverarbeitung«. Man könnte also auch von einer spielerischen oder »kulturellen« Leistung sprechen – ähnlich künstlerischen Leistungen des Menschen, die ja auch nicht (oder nicht mehr) unmittelbar biologischen Zwecken dienen.

Doch zurück zum Orpheusspötter: Er ist in Mitteleuropa zwar nicht heimisch, gleicht aber im Aussehen so sehr unserem Gelbspötter, dass man die beiden in freier Natur überhaupt nur an ihrer Stimme unterscheiden kann – sofern man nicht auf minimale Unterschiede achtet. Der Orpheusspötter ist die südwesteuropäische Zwillingsart des bis nach Russland verbreiteten Gelbspötters. Nur im östlichen Frankreich und an einigen Stellen am Rhein kommen beide Arten nebeneinander vor. Der Gesang des Orpheusspötters ist deutlich rasanter als der des Gelbspötters und enthält kaum die für diesen so typischen nasal jammernden Töne. Merkwürdigerweise sind beide Spötter viel weniger kunstvoll im Nachahmen fremder Stimmen als etwa der Sumpfrohrsänger, der ja nun nicht als Spötter bezeichnet wird.

Nachtigall

Nur tags oder im Blitzlicht erkennt man das schöne Rehbraun der Nachtigall.

Kaum ein anderer Vogel unserer heimischen Vogelwelt ist so berühmt und so unbekannt zugleich. Vermutlich hat höchstens ein Viertel unserer Landsleute die Diva schon einmal live singen gehört. In Berlin (und einigen anderen Städten) klingt ihre Stimme zwar mitten im ärgsten Verkehrslärm aus den Gebüschen des Tiergartens. Dafür gibt es andere Regionen wie das Alpenvorland, wo man bloß alle Jubeljahre mal eine schüchterne und meist auch nur kurz verweilende Nachtigall vernehmen kann. Zu Gesicht bekommt man sie noch viel seltener als zu Gehör. Und das nicht nur, weil sie bekanntlich gerne in der Dämmerung singt. Wer tagsüber einen absolut unscheinbaren bräunlichen Vogel durchs Gebüsch schlüpfen sieht, kommt kaum auf die Idee, dass es sich dabei um die berühmte Sängerin handeln könnte – sofern der Beobachter nicht vom Fach ist.

Die Nachtigall ist Zugvogel und daher nur von April bis Oktober bei uns. Mit ihrem ziemlich langen Schwanz ist sie etwas größer als ein Spatz. Oberseits ist sie unscheinbar rotbraun gefärbt, zum rostbraunen Schwanz hin etwas lebhafter; unterseits präsentiert sie sich viel heller bis weißlich. Im Gegensatz zu den sich mehr waagrecht haltenden Grasmücken fällt die Nachtigall sowohl im Geäst als auch am Boden bei der Nahrungssuche durch ihre aufrechte Haltung und ihr häufiges Schwanzstelzen auf. Der nah verwandte Sprosser, auch »östliche Nachtigall« genannt, sieht ihr zum Verwechseln ähnlich; selbst die Gesänge sind nicht leicht zu unterscheiden.

Zum Singen und Ausschauhalten bezieht das Männchen gern einen Platz auf den oberen Ästen von Büschen oder unteren Ästen von Bäumen. Der Gesang ist laut und wohlklingend, eingeleitet durch ein gedehntes »dü-dü-dü ...«, das an Lautstärke und Tempo zunimmt; darauf folgen rhythmische, an Schluchzen erinnernde »tjucktjuck«-Töne. Dem Sprossergesang fehlt meist das einleitende Flöten. Bei Bedrohung hört man ein knarrendes »karr«, sonst gedämpfte, aber kräftige »tak tak«- oder »tek«-Warnrufe. Übrigens: Auch andere Vögel singen nachts und sehr kunstvoll. So der Sumpfrohrsänger, der dann gern für eine Nachtigall gehalten wird.

Wenn sie in der Dämmerung und nachts ihre dramatischen Arien von sich gibt, sieht man nur eine graue Maus – oder gar nichts.

Das Superstar-Casting

„Das ist die Stimme, die Dichter, Schriftsteller und Komponisten inspirierte. Das Liebeslied schlechthin. Uns ist klar, dass wir eine ganz berühmte Künstlerin vorm Mikrofon und jetzt auch vor der Kamera haben. Eine Sängerin mit nur 20 g Gewicht, die so viel Power in der Stimme hat, dass sie die nächtliche Bühne und 500 m Umkreis beschallen kann. Und das Ganze live, ohne Mikrofon und technische Hilfsmittel. Wunder der Natur. Das Lied der Nachtigall zu bewerten fällt uns leicht: volle Punkte für diese vielseitige Alt-Stimme. Nur in die Welt der Popstars passt die Nachtigall nicht. Ihrem Aussehen fehlt das Glamouröse, das Exotische. Aber in der Sparte »Klassischer Gesang« ist sie der absolute Superstar.“

Zaunkönig

»Keck« ist nun einmal das Etikett des Zaunkönigs – und das hat er nicht zuletzt seiner bevorzugten Schwanzhaltung zu verdanken.

Die alte Geschichte vom damals offenbar noch namenlosen Zaunkönig, der sich beim Höhenwettfliegen der Großen der gefiederten Zunft ins Gefieder des Adlers geschmuggelt haben soll, um in einer Höhe, wo dem Adler dann doch irgendwann der Schnauf ausging, hervorzukriechen und ausgeruht noch ein paar Meter höher zu flattern – diese Geschichte hat zumindest in allen mittel- und westeuropäischen Sprachen dazu geführt, den kleinen Kerl mit allerlei königlichen Namen auszustatten. In der Schweiz sagt man »Königli« oder »Königsvögeli«, in Luxemburg »Kineksvilchen«, in der Steiermark »Königsvögerl«, in Frankreich »Roitelet«, in Italien »Re degli ucelli«.

Da aber der Zorn der vereinigten Vogelwelt über den unrechtmäßig beanspruchten Königstitel den kleinen Gernegroß – der Legende zufolge – veranlasste, sich in einem Mausloch zu verstecken, wird er auch »Mäusekönig«, »Müserli« oder »Meisekinnik« genannt. Dass man das winzige braune Vögelchen auch als »Schneekönig« - in verschiedenen Dialektabwandlungen - bezeichnet, hat wohl damit zu tun, dass man es im laublosen Wintergehölz leichter zu Gesicht bekommt (wie viele Kleinvögel), und vor allem, weil der Zaunkönig zu den wenigen Vögeln gehört, die auch im Winter singen. Was er mit seinem Schneegesang bezweckt, ist nicht ganz klar.

Das Superstar-Casting

„Der kleine Dicke. Mann hat der ein Organ! Das drückt auf die Ohren. Der Zaunkönig, er ist der kleinste unserer Superstar-Kandidaten. Und sein schmetterndes Lied mit dem typischen kurzen Roller kann man das ganze Jahr über hören. Ein tolles Kerlchen, der kleine Zaunkönig, ganze 8 g. Und einen 8-g-MP3-Player, der mit so viel Power stundenlang Musik spielt, muss unsere Technik erst mal nachmachen."

Ob die spöttische Bezeichnung Zaunkönig für all die Landesfürsten in Zeiten deutscher Kleinstaaterei vom Vogelnamen entlehnt oder unabhängig von ihm erfunden wurde, darüber streiten die Gelehrten noch. Wie indes der Zaun zum König kommt, wo doch unser Minivogel keineswegs bevorzugt auf Zäunen sein Liedchen trällert, lässt sich damit erklären, dass vor der Stacheldraht- und Elektrozaunzeit vielerorts die Hecke als ebenso billige wie dauerhafte Zäunung diente. Und in Hecken residiert er gerne, der kleine Kerl mit den königlichen Ambitionen.

Bemerkenswert ist die Tatsache, dass unser Zaunkönig in Europa der einzige Vertreter seiner Sippschaft ist, während es in der Neuen Welt von 70 verschiedenen »Wrens« in allen Größen und Formen nur so wimmelt – einschließlich unserer Art, die man in den USA »Winter Wren« nennt. Der größte Vertreter der Troglodytidae ist dort der mehr als doppelt so große »Cactus Wren«. Vielleicht ist die ungewöhnlich kräftige Stimme des Zaunkönigs mit ein Grund für die Legende von seinem Streben nach höchsten Ämtern. Das schmetternde Lied, in dem der kurze Roller ein typisches Element ist, kann man das ganze Jahr über hören. Die kurze Strophe wird wieder und wieder zu Gehör gebracht. Ein oft zu vernehmender Ruf ist ein hartes »tek tek«, bei Erregung auch ein schnurrendes »trrrt«.

Hier ist er wirklich ein moderner »Zaun«-König. Gewöhnlich zieht er aber Hecken und Gestrüpp entschieden vor.

Rotkehlchen

Mit Vogelnamen ist das ja so eine Sache. Sie sollen kennzeichnend und doch möglichst nicht zu lang sein. In Amerika treibt man es mit Namen wie »Black-throated Blue Warbler« und »Yellow-bellied Sapsucker« in Richtung Beschreibung ziemlich bzw. unziemlich weit. (Wobei wir mit Bezeichnungen wie »Weißflügel-Seeschwalbe« auch manche Rattenschwanznamen aufzuweisen haben.) Der Name Rotkehlchen ist kurz und zutreffend. Trotzdem schützt er nicht vor Irrtümern. Denn auch andere Vögel im deutschen Sprachraum können als Rotkehlchen betrachtet werden – wie man immer wieder erfährt, wenn Teilnehmer von Vogelführungen jede Rotbrust für ein Rotkehlchen halten: vom Buchfink über den Gartenrotschwanz bis hin zum Bluthänfling oder dem allerdings noch ziemlich seltenen Neueinwanderer, dem Karmingimpel. Durchaus passend ist indes die Diminuitivform des Namens, das angehängte -chen. Denn die große Beliebtheit, der sich das Rotkehlchen überall erfreut, hängt nicht nur mit seiner Zutraulichkeit zusammen, sondern auch mit seinem Aussehen. Mit rundem Kopf, kurzer »Nase« und großen Augen entspricht es genau dem, was Konrad Lorenz als »Kindchenschema« bezeichnet hat. Und darauf reagieren wir unweigerlich mit Gefühlen der Zuneigung.

Im vogelnärrischen England heißt unser Vögelchen »Robin« und genießt fast den Status eines Nationalvogels. Und wie man von Robin Hood weiß,

Links und rechts: Ob auf hohem Ast anmutig singend oder narzisstisch sich im Wasser spiegelnd: Rotkehlchen sind immer »herzig« – was eher humanpsychologische Fragen aufwirft.

wird der Name auch gern an männliche Nachkommen vergeben. Es wirft allerdings kein gutes Licht auf die ornithologischen Kenntnisse britischer Auswanderer nach Nordamerika, wenn man erfährt, dass sie eine Drossel von ganz anderem Aussehen und ganz anderer Größe in der neuen Heimat ebenfalls einfach Robin nannten, nur weil die Wanderdrossel eine rote Brust hat. (Eher wirft es ein Licht auf ihren von Heimweh gezeichneten Gemütszustand.)

Den Gesang des Rotkehlchens kann man – ähnlich wie den des Zaunkönigs – zu allen Jahreszeiten hören. Vorausgesetzt, dass der Winter nicht so hart ist, dass die an zarte Nahrung gewöhnten Vögel die Flucht ergreifen und wärmere Landstriche aufsuchen. Wie im Film zu hören, perlen die Töne etwas stockend, aber rein und klar aus dem winzigen Schnabel (der nicht für harte Körnernahrung geschaffen ist). Ansonst vernimmt man harte Rufe wie »tick tick« oder kurz »zik«, manchmal schnell wiederholt als »Schnickern«. Auch zartes, gedehntes »ziep«, »zieh« oder »zisip«, wie es ähnlich auch von der Amsel zu hören ist.

Das Superstar-Casting

„Eine passende Bühne im Maienwald hat sich das Rotkehlchen für seine Darbietung gewählt. Zart und transparent wie das Maiengrün, die Stimme des Rotkehlchens. Man kann sich durchaus vorstellen, dass es anspruchsvolle Texte mit Vorsicht und Gefühl in seinem Chanson vorträgt. Super Aussehen, anspruchsvolles Lied, gepflegtes Auftreten. Rotkehlchen, du hast unsere Stimme.“

Zilpzalp

Die Weidenkätzchen zeigen es an: Der Zilpzalp ist ein Frühheimkehrer und unermüdlicher Frühsänger.

Sein Gesang ist so einprägsam-monoton wie der des Kuckucks – nur nicht so wohltönend. Kein Wunder also, dass man auch ihn lautmalerisch nach seinem ständigen »zipzap« benannt hat. Und das nicht nur auf Deutsch. Die Engländer nennen ihn Chiffchaff. Früher hieß er ja Weidenlaubsänger, was zumindest vom 2. Wortteil her wissenschaftlich absolut korrekt ist, da er mit Fitis(laubsänger), Wald- und Berglaubsänger sowie einem knappen Dutzend bei uns allenfalls als Irrgäste auftauchender östlicher Arten zur Gruppe der Laubsänger gehört. Deren hervorstechendstes Merkmal ist, dass sie zumindest äußerlich keine hervorstechenden Merkmale haben. Alle sind grünlich mit kleinen Farbabweichungen in Richtung gelblich, bräunlich oder gräulich. Wunderbare Tarnfarben für Vögel, die

Das Superstar-Casting

„Zilpzalp heißt der nächste Kandidat, und mehr als seinen Namen singen kann er leider nicht. Dafür ist er sehr lebhaft, braucht die ganze, große Maienwald-Bühne für seinen Auftritt. Ein munterer Kerl, der Zilpzalp. Aber zum Superstar reicht das nicht.“

ständig im dichten Laub und Geäst von Laub- und Nadelbäumen, im Gebüsch und (zum Brüten) auch in Gras und anderer bodennaher Vegetation herumturnen. Weniger wunderbar ist das grünliche Einerlei zur Bestimmung der Arten – sofern man nicht zu den masochistisch veranlagten Birdwatchern gehört, die zur Zugzeit extra nach Helgoland reisen, um sich an den minimalen Unterschieden zwischen Dunkellaubsänger und Bartlaubsänger oder zwischen Grünlaubsänger und Middendorfflaubsänger zu ergötzen.

Glücklicherweise unterscheiden sich die Laubsänger-Arten ziemlich deutlich durch ihre Gesänge. (Was einem freilich wenig hilft, wenn sie im Herbst recht stumm bei uns durchziehen.) Besonders die beiden Zwillinge, Zilpzalp und Fitis, sind leicht an ihren Gesängen auseinanderzuhalten. Und zumindest der Zilpzalp tut uns auch den Gefallen, seine kleine 2-silbige Strophe von früh bis spät hören zu lassen. Ziemlich gesangsfreudig ist während der Brutzeit auch der Fitis, dessen Strophe sehr viel lieblicher und verschnörkelt klingt – ähnlich der Buchfinken-Strophe, nur viel weicher und »inniger«.

Wie alle Laubsänger lebt auch der Zilpzalp in erster Linie von Insekten. Trotzdem gehört er in Mitteleuropa zu den Teilziehern, die nur Gegenden mit besonders kalten und schneereichen Wintern verlassen – und das auch nur in der Zeit von Dezember bis Februar. Offenbar finden die geschickten Geästkletterer, die sich auch nicht scheuen, am Boden nach klammen Spinnen und Insektenlarven zu suchen, ausreichend Nahrung. Wenn tierische Beute knapp wird, sind Beeren und feine Sämereien eine gute Notlösung.
Man findet den hyperaktiven Vogel in ganz Europa vom Tiefland bis in die bewaldeten Bergregionen. Sein bevorzugter Lebensraum sind Wälder mit Unterwuchs; doch auch in Gärten und Parks mit dichter Bodenvegetation tut er durch sein Liedchen kund, dass er hier Revier bezogen hat. Sein backofenförmiges Nest baut er bzw. sie direkt am Boden oder knapp darüber.

Im Herbst macht der flinke Insektenjäger der Baumwipfel eine Beerenkur, bevor er sich auf die Reise in die mediterrane Wärme macht.

Buchfink

Ein optimistischer Sänger auf noch winterlichen Knospen – Buchfinken gehören zu den frühesten Interpreten.

Ein Vogelbanause mag einen Buchfinken-Mann wegen seiner roten Brust für ein Rotkehlchen halten. Wir hingegen erkennen bereits am Schnabel, dass wir es nicht mit einem Insekten-, sondern mit einem Körnerfresser zu tun haben, also mit einem Vertreter der Finken, Ammern und Konsorten. Und überhaupt – diesen wohl häufigsten Vogel unseres Landes kennt man ganz einfach, auch ohne groß auf Einzelheiten wie die weißen Flügelbinden und die adrette graue Frisur zu schauen. (Beim unscheinbar bräunlichen Weibchen und beim abfliegenden Vogel ist ein Blick auf die Flügelbinden allerdings recht nützlich.) Im Winter sollte man auf den ähnlichen nordischen Vetter, den Bergfink, achten, er hat einen weißen Bauch und eine orangefarbene Brust.

Die Wissenschaft gab dem Buchfink den Namen *Fringilla coelebs*, der Junggesellenfink. Tatsächlich zieht selbst heute noch, nachdem warme Winter und Vogelfütterungen das Leben so viel leichter gemacht haben, ein Großteil der weiblichen Buchfinken im Herbst in mildere Gefilde, ohne sich um die mannhaft ausharrenden Gatten zu scheren. Wussten Sie, woher der Name Fink kommt? Vom Ruf unseres Vogels, der sich zwar eher wie ›pink‹ anhört, was aber keinen ordentlichen Namen abgibt. Diesen Ruf, der übrigens stark an einen ähnlichen der Kohlmeise erinnert, wird von den Finken meist im Sitzen gebracht. Im Flug ist ein kurzes »djüb« zu vernehmen. Angeblich kündigt der Buchfink Regen an, wenn er ein regional etwas unterschiedlich klingendes, raues, einsilbiges »wrüt« oder »huit« verlauten lässt. Man hört diesen Ruf freilich nicht nur bevor, sondern auch während es regnet. Der Gesang des Buchfinken-Manns – tausendmal jeden Tag zu hören – ist eine schmetternde Strophe aus 5–6 absteigenden Tönen mit einem optimistischen Schnörkel am Ende, der sich – wieder regional unterschiedlich – wie »zwietsu« oder »witzigu« anhört. Das wird mit kurzen Pausen oft Dutzende Male wiederholt.

Auf dem Boden genauso zu Hause wie im höchsten Geäst – solche Vielseitigkeit macht sich bezahlt: Buchfinken sind unsere häufigsten Vögel.

Buchfinken zählen zu unseren häufigsten Vögeln, die praktisch überall vorkommen, wo es Bäume gibt. Selbst im finstersten Fichtenforst und auf der einsamsten Linde im Großstadtgewühl. Die Weibchen sind zwar eher unscheinbar, beherrschen aber die Kunst, sehr hübsche halbkugelige Nester zu bauen. Die »dekorieren« sie außen so geschickt mit Moos und Flechten, dass sie sich kaum vom Ast abheben, auf dem sie stehen. Befestigt wird diese Tarnung übrigens mit Spinnenfäden, was immerhin viel Schnabelspitzengefühl voraussetzt. In der weich gepolsterten Nestmulde liegen Ende April 4–6 geschmackvoll auf rötlichgrauem bis bläulichem Grund purpurbraun gestrichelte und gefleckte Eier. Auch das Brüten erledigt die Buchfinkin allein. Nach 10–14 Tagen schlüpfen die Jungen, die nun von beiden Eltern gefüttert werden. Im Alter von 12–15 Tagen verlassen sie das eng gewordene Nest, bleiben aber noch 4 Wochen mit den Eltern zusammen.

Das Superstar-Casting

» Der Buchfink. Jeder kennt ihn, an jeder Ecke hört man ihn. Seine Lieder sind populäre Volksmusik. Der Buchfink hat gar keine Ambitionen, Superstar zu werden. Sein Finkenschlag ist ohnehin schon überall bekannt. «

Grünfink

Die Männchen sind wie gewöhnlich die Prächtigeren, mit gelben Flügelfeldern und Schwanzseiten. Dann ist es mit der Pracht aber auch schon vorbei, der Rest ist unscheinbares Graugrün. Die Weibchen sind gar so unscheinbar, dass mancher sie für Spatzen hält (die freilich niemals grünlich sind). Nein, verwechseln kann man den Grünfink viel eher mit Erlenzeisigen (S. 77) und Girlitzen (S. 76). Am besten spitzt man daher die Ohren und achtet auf die Stimmen.

Allerdings fehlt allen diesen 3 grünlichen Finken ein wirklich ins Ohr gehender Sound. Der Girlitz zwitschert wie Glas, der Zeisig schwätzt im Chaoschor, und der Grünfink – nun, dessen Gesang hätte vielleicht noch als einziger eine Chance in einem Superstar-Wettbewerb. Kenner beschreiben ihn so: »Gefälliger, langgezogener, kanarienvogelartiger Gesang, bestehend aus Trillern, Pfiffen und schnellem Zwitschern.« Von Motiv, Melodie, Sound ist da nicht die Rede, und auch ein richtiger Ohrwurm kommt nicht zustande. Dafür präsentiert sich der Sänger oft in gewagten Flugmanövern, die – ähnlich wie das Strampeln so manchen Popstars – für kritische Augen freilich oft mehr den Folgen zu hohen Alkoholkonsums gleichen. Immerhin scheint es den Grünfinkinnen zu gefallen, was schließlich – rein biologisch gesehen – die Hauptsache ist.

Ziemlich ungewöhnlich in der Vogelwelt ist des Grünfinks Eigenart, noch eine ganz andere Art von Gesang zu produzieren. Und der ist nun wirklich unter aller musikalischen Kanone: heiser krächzende, greisenhaft zitternde, langgezogene »dschrrüüüüüüju«, die im Abstand längerer Pausen ständig wiederholt werden. Es ist wirklich bedauerlich, dass man die Verursacher solcher Missklänge nicht fragen kann, was sie sich dabei eigentlich denken.

Selbst der Mann macht bei Grünfinkens nicht viel her, seine Frau ist die reinste graue Maus.

Kernbeißer

Ein fast starengroßer, stämmiger, dezent gefärbter Vogel mit klobigem Schnabel ist der Kernbeißer. Männchen und Weibchen sehen ziemlich gleich aus, nur dass die Weibchen insgesamt etwas mattere Farben tragen. Ein inneres und ein äußeres weißes Flügelfeld sind im Flug auffällig, während die weiße Flügelbinde beim ruhenden Vogel verdeckt sein kann. Unverkennbar ist der in unserer Vogelwelt einmalig dicke Schnabel, der beim Männchen grau, beim Weibchen hornfarben ist.

Ein Bild von einem Vogel: männlich, kräftig, ernst und schön. Allerdings sehen die Damen genauso aus.

Ähnlich wie der Gimpel (S. 79) ist der Kernbeißer ein stiller Vogel. Wie beim Gimpel ist auch bei Kernbeißern eine über die Brutzeit hinaus andauernde Ehe üblich, sodass man auch im Winter Mann und Frau zusammen sieht. Da Kernbeißer die meiste Zeit hoch in den Baumwipfeln agieren, muss man auf ihren charakteristischen Ruf, ein scharfes »zicks«, achten, wenn man sie aufspüren will. Der von hoher Warte bereits früh im Jahr vorgetragene Gesang der Männchen ist leise und wenig melodiös. Er besteht aus einer Aneinanderreihung »zickiger« Rufelemente, die manchmal mit einem melodischeren »zieh-öh« endet. Wer seiner Gattin sicher ist, kann sich unnötigen Aufwand sparen. Auch von Territorialkämpfen halten die phlegmatischen Kernbeißer-Herren nicht viel; im Gegenteil, sie schätzen gleichartige Nachbarschaft. Die Vögel brüten – oft in kleinen Kolonien – in lichten Laub- und Mischwäldern mit viel Unterwuchs. Häufig besiedeln sie auch Feldgehölze, Parks und Gärten mit entsprechendem Baumbestand.

Mit ihren enormen Schnäbeln machen Kernbeißer ihrem Namen alle Ehre und knacken selbst die harten Steine von Kirschen und Kornelkirschen. (Versuchen Sie es mal!) Daneben bilden die Samen von Hain- und Rotbuchen, Ahornen, Traubenkirschen und auch von Koniferen die Grundlage des Menüs.

Amsel

Der Amselhahn im jungen Laub deklamiert sein stimmungsvolles Lied zur Abend- (oder Morgen-)dämmerung.

In der Tat: Mag der Buchfink auch in Wald und Flur unser unbestritten häufigster Vogel sein, so läuft ihm die Amsel, zumindest in gartenreichen Dörfern und Städten, doch in der Regel den Rang ab. Früher war die Amsel in Mitteleuropa ein reiner Waldvogel. Erst im Verlauf der letzten 200 Jahre hat sie auch die Dörfer und Städte mit ihren Gärten und Parks als Lebensraum erobert. Hier kommen ihr die gemähten Rasenflächen ebenso wie Futterplätze und Abfälle als Nahrungsgrundlage zugute. Heute kann man zwischen Wald- und Stadtamseln unterscheiden, die sich auch in ihrem Zugverhalten unterscheiden. Während die Amseln der menschlichen Siedlungen wenigstens zum größeren Teil hier auch den Winter verbringen, wandern die Waldamseln in wärmere Landstriche ab, wenn Frost und Schnee die Nahrungssuche zum Glücksspiel machen. Die alten Männchen tragen zur Brutzeit ein sehr dunkelbraunes, nahezu schwarzes Federkleid, von dem sich der leuchtend orangegelbe Schnabel und Augenring effektvoll abheben. Im Herbst und Winter sind alle Farben etwas matter. Die Weibchen sind erdbraun mit undeutlicher Musterung, oft mit deutlich hellgrauer Kehle und braunem bis gelblichem Schnabel. Die Jungen erscheinen nach dem Ausfliegen wesentlich rotbrauner und stärker geschuppt als die Weibchen. Nach dem Gefiederwechsel, der zwischen

Das Superstar-Casting

„Die Amsel ist noch bekannter als der Buchfink. Sie singt getragener, mit mehr Pathos in der Stimme, intoniert auch schwierige Motive. Auch sie singt außer Konkurrenz. Sie ist ein Altstar und Deutschlands beliebtester und bekanntester Interpret anspruchsvoller Volkslieder. Virtuos, die Amsel, und vornehm in Schwarz.“

August und Oktober stattfindet, sind die jungen Männchen bereits am dunkleren Gefieder von den Weibchen zu unterscheiden, ihr Schnabel färbt sich aber erst im Winter gelb.

Das Lied der Amsel kann man schon gegen Ende des Winters vernehmen, es wird meist von erhöhter Warte aus vorgetragen. Der sehr wohltönende und bei alten Männchen fantasievoll ausgeschmückte Gesang wird gemächlich und gravitätisch intoniert, gelegentlich werden auch nachgeahmte Töne und Geräusche eingeflochten. Die Amsel gehört zweifellos zu unseren besten Sängern. Besonders wohlklingend für das menschliche Ohr ist ihre Altstimme, die auch noch ältere Menschen erfreut, die das hohe Gezwitscher kleinerer Vögel meist nur noch schwer hören. Leider sind die Warnrufe der Amsel alles andere als ein Ohrenschmaus. Neben einem lauten, zeternden »tschik-tschik-tschik« (besonders anhaltend in der Abenddämmerung) hört man auch weichere »djuk«- oder »tsieh«-Rufe, wenn sich Bodenfeinde in der Nähe befinden.

Das ziemlich große Nest wird aus Halmen gebaut, meist mit Erde ausgekleidet und mit weichen Grashalmen gepolstert. Man findet es auf Bäumen, Büschen und Kletterpflanzen ebenso wie unter Hausgiebeln, auf Mauervorsprüngen oder Holzstößen. Die Eiablage beginnt oft schon im März, manchmal noch früher. Bis in den August hinein finden 3 Bruten oder mehr statt. Die 5–6 Eier sind lindgrün bis bläulich mit dichter, brauner Sprenkelung. Meistens brütet das Weibchen 14 Tage lang; beide Partner füttern die Jungvögel 14 Tage im Nest, und auch anschließend, nach dem Verlassen des Nestes, werden die Jungen noch bis zu 3 Wochen von den Eltern betreut.

Amseln ernähren sich in der wärmeren Jahreszeit hauptsächlich von kleineren Bodentieren wie Würmern, Insektenlarven und Schnecken. Im Spätsommer und Herbst werden Beeren oder Früchte wie Kirschen, Johannisbeeren, Eberesche oder Holunderbeeren bevorzugt. Im Winter nehmen Amseln auch Haferflocken, Fett, Rosinen und sogar härtere Sämereien am Futterhaus.

Haussperling

In meiner Badewanne (sprich: Dachrinne), da bin ich Kapitän – und sing von früh bis spät mein »tschilp-tschilp«-Lied.

Wie Spatzen aussehen, meint jeder zu wissen. Bei der genaueren Unterscheidung unserer beiden Spatzenarten hört das Wissen aber meist schon auf. Und wer Haus- und Feldsperling nicht unterscheiden kann, der blamiert sich vielleicht auch, indem er Grünfinken und Rohrammern für Spatzen hält. Also: Männliche Haussperlinge tragen eine graue Kappe und einen schwarzen Latz, der zur Brutzeit ausgedehnt, im Winter klein und unauffällig ist. Ihre Damen sind von proletarischer Unscheinbarkeit, undefinierbar bräunlichgrau, nur von Nahem und zur Brutzeit oberseits hübsch gemustert. Feldsperlinge hingegen, bei denen

Das Superstar-Casting

„Der Spatz – »Hansdampf in allen Gassen«,
ein Vollblut-Straßenmusikant. Ganz ungeniert kratzt
er sich am Hintern, pfeift gut gelaunt vor sich hin, egal, wer zuschaut.
Ihm ist völlig wurscht, was man von ihm denkt.
Nein, zum Superstar taugt der Haussperling nicht.“

sich Mann und Frau nicht unterscheiden, haben einen adretten sattbraunen Oberkopf und stets einen kräftigen schwarzen Schönheitsfleck auf der weißen Wange.

Haussperlinge führen uns ungeniert ihr ganzes Liebes- und Familienleben vor. Das sollte man sich nicht entgehen lassen. Feldsperlinge sind da etwas dezenter. Dass sie beide zu den Singvögeln gehören, ist ihnen offenbar unbekannt. Jedenfalls kommen sie über ein nervtötendes Getschilpe nicht hinaus. Ihren Damen scheint es aber zu imponieren. Wer genauer hinhört, kann allerdings ein recht vielfältiges Repertoire ausmachen. Wenn sie sich aufregen, lassen sie ein schnelles »tschet-tschet-tschet …« oder ein aggressives »tscherettetet« vernehmen. Wollen sie nur ausdrücken: »Rück ein bisschen zur Seite«, geben sie weiche »dü-dü-dü …«-Reihen von sich. Alarmrufe hören sich wie »kwirr« oder »krüh« an.

Genistet wird gewöhnlich unter Dachziegeln und in Höhlungen jeder Art, manchmal auch frei in Gebäuden; sogar im Geäst von Bäumen baut der Haussperling gelegentlich einen struppigen Kobel mit seitlichem Eingang – und beweist damit und mit der Vorliebe zum Koloniebrüten seine Verwandtschaft zu den Webervögeln. Das Innere seiner schlampigen Nester ist stets mit Federn mollig ausgestattet. Die 4–5 Eier sind auf weißlichem Grund dunkelbraun gefleckt und werden von beiden Eltern bebrütet, die auch gemeinsam die Jungen versorgen, die nach 12–18 Tagen ausfliegen. Das Familienleben des Feldsperlings gestaltet sich ähnlich, mit dem Unterschied, dass er häufiger in Nistkästen brütet.

Seinen Namen trägt der Haussperling zu Recht. Er ist bei uns so vollständig zum Zivilisationsfolger geworden, dass man sich kaum noch vorstellen kann, wie er ohne den Menschen auskam. Doch dieser Weltbürger ist unglaublich anpassungsfähig. Auch der Feldsperling hat den passenden Namen. Neuerdings macht er jedoch dem Haussperling zunehmend in Ortschaften und Städten Konkurrenz, zumal seit die fehlenden Pferdeäpfel dem Haussperling das Stadtleben vermiesen.

Haussperlinge nisten am liebsten unter Dachziegeln. Als Nistmaterial schleppen sie alles an, was nicht niet- und nagelfest ist.

Girlitz

Der merkwürdige Name dieses kleinen gelb-grau-grünlichen Vögelchens ist wie so oft bei Vogelnamen lautmalerischer Herkunft. Tatsächlich hört man ständig ein hohes Gewisper zwischen diesen Vögeln und Rufe, die sich wie »zirrilillit« anhören. Eigentlich müsste er also Girrilitz heißen. Meist wird man durch seinen hohen Zwitschergesang auf ihn aufmerksam, sieht dann aber nur etwas Unscheinbares hoch oben auf einer Fernsehantenne oder Fichtenspitze. Dass er ein naher Verwandter des Kanarienvogels ist, sieht und hört man ihm kaum an. Mit dessen Gesangskünsten kann unser Girlitz freilich nicht konkurrieren. Seine Liebeslieder klingen eher wie quietschend-klirrendes Glas. Allerdings trägt sie der Girlitz-Mann mit großem Enthusiasmus vor. So groß ist sein Eifer, dass es ihn nicht lange auf der Antenne hält. Dann flattert er mit zeitlupenartig steifen Flügelschlägen singend durch die Luft.

In den größten Teilen Mitteleuropas ist der wärmeliebende Girlitz Zugvogel. Übers Meer zu fliegen ist aber offenbar seine Sache nicht. Nicht einmal den Ärmelkanal vermochte er zwecks Besiedlung des klimatisch günstigen Vereinigten Königreichs zu überwinden. Auch Skandinaviens Vogelfreunde müssen ohne den kleinen Zwitschervogel auskommen.

Nicht immer so schön goldgelb – unser kleiner Kanarienvogel. Sein Lied klingt wie zersplittertes Glas.

Zur Nahrungssuche halten sich die Vögel – wie andere Finken – oft am Boden auf. Und wie Erlen- und Birkenzeisig, Grünfink, Stieglitz oder Hänfling sieht man sie auch häufig an samentragenden Stauden oder an den baumelnden Früchten von Erle und Birke. Was täten Girlitze ohne Unkräuter! Sie leben fast ausschließlich von deren oft noch unreifen Samen, die, im Kropf vorgeweicht, auch als Kindernahrung dienen. Einer von vielen Gründen, doch nicht ständig und überall alles abzumähen – eine teure und ökologisch bedauerliche Manie öffentlicher Pflegetrupps und vieler Gartenbesitzer.

Erlenzeisig

Rein äußerlich könnte man den Zeisig ohne Weiteres mit dem Girlitz verwechseln. Beide sind an Kopf und Brust grünlichgelb, haben schwarz gefleckte Seiten und einen gegabelten Schwanz. Auf die Entfernung und im Flug wirken beide grünlichgrau. Auch mit dem etwas kräftiger gebauten Grünfink haben beide Ähnlichkeit.

Glücklicherweise (für den verwirrten Beobachter) gehen sich Zeisig und Girlitz sowohl zeitlich wie räumlich ziemlich aus dem Weg. Erlenzeisige verziehen sich zu Brut und Jungenaufzucht meist in entlegene (Nadel-)Wälder, während Girlitze zu diesem Zweck lieber in unserer Umgebung bleiben, uns dafür aber im Winter verlassen – wohingegen die Erlenzeisige gerade im Winter besonders auffällig und zahlreich unsere Aufmerksamkeit erregen. Sei es, dass sie in hellen Scharen an Erlen und Birken herumturnen, deren kleine Samen sie besonders schätzen, sei es, dass sie sich mit Meisen, Spatzen, Grünfinken und Kleibern um die Körner am Futterhäuschen raufen.

Sie sind wirklich sehr gesellige Vögel. Zumindest außerhalb der Brutzeit trifft man sie fast immer in ganzen Schwärmen an, die hüpfend dahinfliegen, zwitschernd in Baumwipfeln sitzen oder akrobatisch an dünnen Zweigen herumturnen. Wenn im Februar die Tage länger, heller und wärmer werden, veranstalten Erlenzeisige ähnliche Gesangsübungen im Chor wie die Stare im September. Ohne auf Takt und Rhythmus zu achten, wird da wild durcheinandergezwitschert, als ob jeder den anderen übertreffen wollte. Ob solche Veranstaltungen wirklich Übungen für den »Ernstfall« (die Betörung einer Saisonpartnerin) sind, ob sie einfach das Wirgefühl stärken (wie ein Stammtischpalaver) oder gar nur Ausdruck schierer Lebensfreude sind – wer möchte das entscheiden?

Er liebt den Chorgesang, der Erlenzeisig. Allerdings ohne Dirigent und entsprechend chaosmäßig. Und ein großer Turner im Erlen- und Birkengeäst ist er außerdem.

Stieglitz

Mit seiner Farbenpracht wirkt der Stieglitz oder Distelfink wie ein Exot in unserer sonst eher bieder gefärbten Vogelwelt. Rot mit Schwarz ist das Gesicht, dazu weiß eingerahmt und wiederum schwarz begrenzt am Scheitel und hinter den Ohren. Vom schwarzen Flügel hebt sich ein gelbes Feld mit der Leuchtkraft einer reifen Zitrone ab. Der weiße Bürzel trennt den samtbraunen Rücken vom schwarz-weißen Schwanz. Und unterseits präsentiert er sich geschmackvoll weiß mit beigefarbenen Flanken. Die muntere Wesensart der Stieglitze wird durch ihren namengebenden, 3-, 2- oder 1-silbigen »tickilit«-Ruf noch unterstrichen. Und sie sind sehr gesellige Vögel, die gern in Schwärmen über Disteln und andere Samen tragende Stauden herfallen und bei Beunruhigung mit viel »tickilit« und hüpfendem Flug wieder davonfliegen. Ihr Gesang ist ein munteres Gezwitscher, mit dem typischen Ruf als Einlage. Im Übrigen sind diese »Exoten« keineswegs sehr kältescheu, weichen im Winter nur gerade nach Frankreich oder ans Mittelmeer aus und kehren bald wieder zurück.

Die Gesänge der Männchen sind nicht gerade bühnenreif. Ein leises Gezwitscher, das ans Geschwätz der Erlenzeisige erinnert, mit schnellen Trillern und miauenden Tönen. Als Markenzeichen wird aber immer wieder das charakteristische »stiglitt« eingeflochten, oft mehrfach wiederholt. Auch hier bewahrheitet sich wieder die Regel, wonach soziale und bunte Vögel selten hervorragende Sänger sind.

Sind schon Grünfink und Girlitz auf Unkrautsamen angewiesen, so ist es der Stieglitz noch viel mehr: Sein spitzer Schnabel mit den scharfen Kanten ist ein Spezialinstrument, um an tief sitzende Distel- und Klettensamen zu kommen. Darum liebt er Städte und Dörfer mit nicht zu eifrigen Gärtnern.

Bunt wie ein Clown, aber doch irgendwie geschmackvoll kleidet sich der Stieglitz oder Distelfink – und zwar in beiden Geschlechtern.

Gimpel

Bekanntlich dienen die Gesänge der Vögel nicht nur uns zur Freude, sondern auch der Reviermarkierung und dem Anlocken der Weibchen. Die friedlichen Gimpel gehören zu den wenigen Vögeln, die kein Revier beanspruchen und offenbar ihrer Damen sicher sind. Entsprechend zurückhaltend ist ihr Gesang: ein leises Plaudern mit kleinen Pfiffen und Trillern dazwischen. Auch der typische Lockruf, ein weiches »djü«, klingt gemütvoll und sanft. Früher hielt man die hübschen und gelehrigen Vögel im Käfig und brachte ihnen kleine Melodien bei.

Der Gimpel heißt auch Dompfaff, weil er etwas behäbig Klerikales an sich hat. Woraus man nicht den Schluss ziehen sollte, dass alle Pfaffen Gimpel seien.

Sie haben etwas Behäbig-Gutmütiges, diese stets in treuer Partnerschaft anzutreffenden Vögel. Mit seiner leuchtend roten Unterseite fällt das Männchen gleich ins Auge. Auf dem Rücken trägt er ein Cape in dezentem Grau, Schwanz und Flügel sind schwarz, Letztere mit weißer Binde. Weiß sind auch Bürzel und Steiß – ebenso beim viel schlichteren Weibchen, das überall dort rosabraun ist, wo der Mann Rot und Grau trägt. Die schwarze Kappe und das bedächtige Gebaren hat ihnen auch den Namen Dompfaff eingetragen.

Die Ehe ist für den Gimpel nicht nur saisonales Zweckbündnis, wie bei den meisten anderen Singvögeln, sondern lebenslange Partnerschaft. Sie brüten in Nadel- und Mischwäldern mit dichtem Unterholz, in Fichtenschonungen und immergrünen Hecken und Büschen von Parks und Gärten. Im Winter streifen sie – meist in kleinen Gruppen – weit umher, sind aber nie fern von Gebüsch und Bäumen.

Samen und Knospen vieler Bäume, Sträucher und Kräuter bilden ihre Hauptnahrung. Auch Beeren werden gern gefressen, allerdings um der Samen willen, das Fruchtfleisch wird geschickt geschält und fallen gelassen. Mit vielseitigem Körnerfutter können Sie die schönen Vögel ans Futterhaus locken.

Star

Als echter Superstar macht der Star bei seinen Gesangsdarbietungen viel Wind mit seinen Flügeln.

Stare sind lebenstüchtige Burschen. Von den Atlantikküsten Europas bis zum Baikalsee, vom Nordkap bis zur Kola-Halbinsel kann man ihnen begegnen – auf Zierrasen im Vorgarten ebenso wie auf mongolischen Grassteppen. Und weil die so fröhlich mit den Flügeln schlagenden Sänger dem Europäer ans Herz gewachsen sind, haben heimwehkranke Auswanderer den Star gleich mitgenommen in alle Teile der Welt. So wurde er zum Neubürger von Neuseeland und Australien bis Südwestafrika und Nordamerika. In dieser – aber auch nur in dieser – Beziehung gleicht der Star der Ratte: Beide gehören (mit menschlicher Hilfe) zu den erfolgreichsten Global Players.

Aus der Entfernung wirken die kaum amselgroßen Vögel in allen Kleidern irgendwie dunkelbräunlich. Aus der Nähe oder mit dem Fernglas sieht man aber, dass sie eine durchaus abwechslungsreiche und geschmackvolle Garderobe tragen. Die Frühjahrsmode setzt auf Glanz und grünvioletten Schimmer, die Herbstmode bevorzugt Perlmuster, hell auf dunklem Grund, und die Jugend trägt praktisches Erdbraun. Übrigens kommt der Kleiderwechsel vom Herbst zum Frühjahr bei den Altvögeln nicht durch Gefiederwechsel (Mauser) zustande, sondern wie bei einer Reihe anderer Vögel durch Abnutzung der hellen Federränder. Praktisch, nicht wahr?

Das Superstar-Casting

»Der Star, den wir besuchen, zelebriert seinen Auftritt. Im stillen Kämmerlein stimmt er sich ein. So, jetzt geht's los. Ein Entertainer, Allround-Talent, das sieht man sofort. Schillerndes Kostüm mit modischen Pailletten besetzt, gekonnt präsentiert. Der Star weiß sich in Szene zu setzen, kennt den Geschmack des Publikums, weiß, was ankommt. Applaus! Das war toll. Wir sind gespannt, wie er das noch toppen will. Volle Punktzahl für den Popstar. Gut aussehen, gut singen, gut tanzen. Besser geht's nicht, oder doch? Noch einen Punkt dazu für die Dance-Performance auf nur einem Bein. In der nächsten Runde imitiert er. Ist das nun positiv oder negativ? Egal, insgesamt sind wir begeistert. Der Star hat das Zeug zum Superstar.«

Von Amseln, die ja auch gern in dunklem Gefieder auf Rasenflächen nach Nahrung suchen, unterscheiden sich Stare schon durch ihr Auftreten. Während Amseln im Schlusssprung hüpfen oder im Eiltempo rennen, watscheln Stare geschäftig wie Handlungsreisende übers Grün. Dabei stecken sie wieder und wieder ihren spitzen Schnabel in den Boden und öffnen ihn kurz, als wollten sie fragen: Wo steckst du, fette Larve? Da es aussieht wie das Spreizen eines Zirkels, nennt man dieses merkwürdige Gebaren »Zirkeln«. Auch mit einem anderen sehr auffälligen Benehmen weichen Stare von Amseln ab: Gewiss hat jeder schon einmal einen der oft riesigen Starenschwärme beobachtet und dessen exakte Flugmanöver bewundert. Man nennt das »Exerzieren« – wobei Stare diese Kunst natürlich ohne Kasernenhofdrill beherrschen.

Der dritte auffallende Verhaltensunterschied zwischen Star und Amsel ist der Gesang: Mit den wohlklingenden Arien der Amseln hat das Quietschen, Schnarren, Knacken und Pfeifen des flügelschlagenden Staren-Manns wenig gemein. Allenfalls hinsichtlich Einfallsreichtum und Talent zur Nachahmung gleichen sich Stare und Amseln. Manche Stare imitieren das Krähen eines Gockels ebenso naturgetreu wie das Klingeln einer Schulglocke. Das Trillern einer Pfeife soll so täuschend von einem am Sportplatz wohnenden Star nachgepfiffen worden sein, dass sich die Spieler darob mit dem unschuldigen Schiedsrichter anlegten. Allerdings fügen die Sänger ihre Imitationen meist wie unabsichtlich in ihr eiliges Geschwätz ein, sodass man schon genau hinhören muss, um die geklauten Elemente auch herauszuhören.

Kuckuck

Eher selten sieht man den Kuckuck in so nachdenklicher Stimmung.

Warum, zum Kuckuck, ist wohl der Kuckuck so beliebt, so populär? »Gugug – gugug – gugug – guguguk …« Nicht gerade der Inbegriff musikalischen Ideenreichtums. Dazwischen ab und zu ein hässlich klingendes »hachhachach«. Und die Antwort des Weibchens auf so geistlose Liebeslieder entsprechend: ein hämisch-abfälliges Gekicher. Tatsächlich sind es nur diese 2 schlichten Töne, im Abstand einer kleinen Terz abfallend, die Kinder und Erwachsene gleichermaßen und jedes Frühjahr aufs Neue entzücken. Besondere Begeisterung kommt auf, wenn sich einmal die langweilige Zweisilbigkeit zu einem 3-silbigen »gugugug« oder gar zu einem hysterisch klingenden, sich überschlagenden Viersilber steigert. Schon das Kichern der Weibchen oder das geile »hachachach«

Das Superstar-Casting

„Die bekannte Stimme aus Liedern, Uhren, Handy-Klingeltönen und, ach ja, aus der Natur. Der Kuckuck geht ins Ohr, wird gerne nachgeahmt.“

eines liebestollen Männchens sind den meisten Menschen unbekannt, werden nicht mit dem Kuckuck in Verbindung gebracht. Und kaum einer seiner vielen Fans hat den Kuckuck überhaupt je gesehen. Offenbar steht die verbreitete Liebe zum Gesang des Kuckucks allein auf 2 Beinen: der sonoren, unserem Gehör angenehmen und in unserer Vogelwelt ungewöhnlichen Tonlage (Ähnliches ist nur von Tauben und Eulen zu hören) und der Verbindung mit milden, sonnigen, von hellem Laub bekränzten Frühlingstagen.

Wer je Gelegenheit hatte, Kuckucke bei ihrem Werben und Treiben längere Zeit zu beobachten, der wird verstehen, warum dieser Vogel in den verschiedensten Kulturen zum Sinnbild des Verrückten wurde. Mit hängenden Flügeln und gesenktem Kopf dreht das Männchen seinen langen Schwanz in wahrlich »unzüchtig« anmutender Weise in alle Richtungen, jagt dann wieder wie ein kleiner Falke einem Rivalen oder Weibchen hinterher und lässt dabei ständig sein »gugug« oder »hachach« hören.

Wegen dieses fauchenden Rufs hieß der Kuckuck übrigens lange Zeit auch Gauch, was wiederum auch als Schimpfwort im Sinn von Narr verwendet wurde. Im »Webster« findet man unter Cuckoo auch die Bedeutung: a fool; one who is crazy or somewhat »off«. Der Film »Einer flog übers Kuckucksnest« handelt von einer Irrenanstalt. Dass auch in Nordamerika einer Cuckoo genannt wird, der nicht ganz dicht ist, kann nur als britische Tradition verstanden werden. Denn die beiden amerikanischen Kuckucksarten rufen längst nicht so auffällig, sind außerdem ziemlich selten geworden und brüten vor allem selber.

Dass unsere Kuckucksweibchen zwar fleißig Eier legen (bis zu 20 pro Saison), die Mühen des Nestbaus, Brütens und Fütterns aber anderen Vögeln überlassen, hat natürlich wesentlich zu den diffamierenden Legenden beigetragen. Solches Verhalten verstößt schlicht gegen Sitte und Anstand. Und die Art und Weise, wie die frisch geschlüpften, noch nackten und blinden Jungkuckucke die Kinder ihrer Pflegeeltern aus dem Nest befördern, muss jeden rechtschaffen denkenden Menschen empören.

In voller Aktion senkt er die Flügel, stelzt und spreizt den Schwanz und bläht die Kehle zum sonoren »gugug«.

Rauchschwalbe

Im raschen Flug sind unsere beiden Schwalben-Arten nicht leicht auseinanderzuhalten. Wenn auch der weiße Hinterrücken der Mehlschwalbe und die langen Schwanzspieße der Rauchschwalbe selbst in der Luft recht auffällig sind. Verwechslungsgefahr besteht zudem mit dem Mauersegler, unserem dritten Luftjäger. Am leichtesten unterscheidet man die beiden Schwalben an ihren Nestern: Rauchschwalben bauen ihre schalenförmigen Lehmnester meistens in Gebäuden, Mehlschwalben kleben ihre Halbkugelnester mit kleinem Schlupfloch dicht unters Dach außen an Gebäudewände. Mauersegler nisten ganz versteckt unter Dachziegeln, in Mauerspalten und ähnlich unzugänglichen Höhlen.

Beim Gesangswettbewerb schneiden die Rauchschwalben eindeutig besser ab als ihre Verwandtschaft. Vom Leitungsdraht oder Nestrand lassen sie ein anhaltendes, klares Gezwitscher hören, in das immer wieder ein gezogenes Knarren eingewoben wird (wie man auch im Film hören kann). Mehlschwalben hingegen variieren in ihrem Gesang eigentlich nur ihren etwas tonlosen Ruf »prrrit«. Die meiste Zeit verbringen Schwalben in der Luft. Im Gegensatz zum Mauersegler rasten sie zwischendurch aber auch gerne auf Leitungsdrähten oder in der Umgebung des Nestes. Auf dem Zug fallen sie in Scharen aber auch im Schilf oder auf Bäumen ein oder sitzen wie die Perlen einer Kette in

Links: **Wenn Schwalben singen, hat man den Eindruck, sie würden sich irgendwelche Geschichten erzählen – vielleicht von ihren weiten Reisen nach Afrika.**

Rechts: **Ihr Nest sieht eher ein bisschen vergammelt aus, zeugt aber von statischen Kenntnissen und ist bestens wettergeschützt.**

der Takelage von Segelschiffen. Bei uns sind sie ganz zu Gebäudebewohnern geworden, wobei sie aber schon wegen des Baustoffs für ihre Nester ländlichere Ortschaften, Weiler und Einzelgehöfte bevorzugen.

Die Rauchschwalben kehren im Frühjahr etwa 2 Wochen vor den Mehlschwalben aus dem Süden zurück und bleiben im Herbst länger. Mit Nestbau und Eiablage beginnen beide Arten ab Ende April. Rauchschwalben stützen ihre flache Lehmschale gerne auf einem kleinen Mauervorsprung ab, während Mehlschwalben ihren halbkugeligen Bau kühner auch an geraden Wänden befestigen. Ein Schwalbenbrettchen nehmen beide gerne an, und es verhindert die Verschmutzung von Wand und Boden. Am liebsten werden alte Nester wieder bezogen, weshalb man sie nicht entfernen sollte. Rauchschwalben legen 3–6 braun gefleckte, Mehlschwalben 4–5 weiße Eier. Nach dem Ausfliegen werden die jungen Schwalben noch bis zu 2 Wochen gefüttert und bleiben auch danach noch lange in der Nähe, wodurch eine starke Brutplatzbindung entsteht, sodass die im September/Oktober nach Süden ziehenden Jungvögel im April dann auch meist an ihren Geburtsort zurückkehren.

Das Superstar-Casting

„Im Kuhstall casten wir die nächsten Sänger. Sie sind gleich zu dritt angetreten. Hoffentlich werden sich die Rauchschwalben einig, wer als Erster vorsingen darf. Wir sind überrascht. Ein so langes Lied, so lebhaft vorgetragen, das hätten wir den Schwalben gar nicht zugetraut. Der auffallend breite Schnabel, ein echter Hingucker. Die Rauchschwalbe hat ihn eigentlich zum Fliegenfangen im Flug, aber beim Singen sieht er auch gut aus, und darauf kommt es an im Musikbusiness.“

Feldlerche

Wer baumlose Landschaften bevorzugt, muss für Kinderstube und Nahrungssuche mit dem Parterre vorliebnehmen.

Ob es die Feldlerche auch ohne Shakespeares »Romeo und Julia« zu Ruhm gebracht hätte? Wer weiß. Immerhin sollen in früheren Zeiten auch die Poeten dann und wann (manchmal sogar schon vor Sonnenaufgang) über Land gewandert sein, um anschließend die Schöpfung samt Vogelgesang und Schollenduft gereimt zu preisen. (Heute scheint sich die aussterbende Spezies der Reimeschmiede mehr in städtischen Cafés und U-Bahnen herumzutreiben.) Damals standen auch ohne Shakespeare die Chancen gar nicht so schlecht, vom schlichten braunen Ackervögelchen aufzusteigen in die Ruhmeshallen der Dichtung. Immerhin trägt das jubilierende Lied der Lerche aus glasklarer Frühlingsmorgenluft ganz ungemein zur Stimmung eines glasklaren Frühlingsmorgens bei. So viel Frohsinn, so viel Heiterkeit, so viel unbeschwerter Übermut, so viel Hoffnung und Optimismus, so viel inniger Schöpferdank – das muss jedes Poetenherz rühren.

Doch kehren wir nach diesem verbalen Höhenflug zurück auf den Boden der biologischen Tatsachen: Die Feldlerche gehört zu den sogenannten Teilziehern, die im Winter ausharren oder früh zurückkehren. Sie ist etwas größer als ein Spatz. Im Flug sind die langen, spitzen Flügel mit weißem Hinterrand und der relativ lange Schwanz mit weißen Kanten

Das Superstar-Casting

»Hier oben in Norddeutschland finden wir noch eine unermüdliche Künstlerin, die Feldlerche. Hoch am Himmel hängt sie, frei und unbeschwert trägt sie ihr Lied vor. Sommermusik über holsteinischen Wiesen. Am Himmel hoovern und gleichzeitig singen, das ist Hochleistungssport. Die Feldlerche sorgt für großflächige Beschallung, für Hintergrundmusik. Backgroundsänger machen Stimmung, werden aber selten Superstar.«

charakteristisch. Die Haube wird nur bei Erregung aufgerichtet und ist sonst kaum zu sehen. Wie fast alle Lerchen (von denen es in Europa und Umgebung an die 20 Arten gibt – siehe Heidelerche) ist die Feldlerche ein reiner Bodenvogel, der praktisch nie in Bäumen sitzt.

Der fröhliche Gesang mit trillernden und flötenden Elementen wird im hohen Singflug vorgetragen. Dabei werden immerhin Höhen zwischen 50 und 150 m erreicht. Unter Gesang findet auch der Abstieg statt, nur das letzte Stück lässt sich die Lerche mit gefalteten Flügeln und stumm zu Boden fallen. Ihr typischer Flugruf ist ein raues »tschrip« oder »srrit«.

Offene Landschaften mit Äckern und Wiesen, auch Moorwiesen und Heiden gehören zu ihrem Lebensraum. Durch allzu intensive Bewirtschaftung sind die Bestände vielerorts rückläufig. Für das Nest wird eine Bodenmulde ausgescharrt. Gewöhnlich folgt auf eine Brut im April/Mai eine zweite im Juli. Die 3–5 Eier sind auf hellerem Grund kräftig braun gesprenkelt. Das Weibchen brütet alleine 11–14 Tage. Die Jungen verlassen noch flugunfähig das Nest mit 9–10 Tagen und sind mit 20 Tagen flügge. Die Nahrung besteht aus kleinen, am Boden lebenden Tieren, Sämereien und grünen Pflanzenteilen.

Für die holde Kunst scheut man keine Mühen und klettert hoch und immer höher in den blauen Himmel – was unsereins zu allerlei metaphysischen Gedanken anregt.

Kranich

Majestätisch – anders kann man sie nicht nennen. Vielleicht noch gravitätisch, wie sie so dahinschreiten mit ihrer altmodischen Bürzelschleppe.

Dem halbgebildeten Normalbürger (wozu wir uns doch schließlich alle zählen müssen) sind Kraniche vielleicht eher in übler Erinnerung. Mussten wir nicht in der Schule diese endlosen Strophen aus Schillers endloser Ballade »Die Kraniche des Ibykus« auswendig lernen? »Zum Kampf der Wagen und Gesänge, / Der auf Korinthus' Landesenge / Der Griechen Stämme froh vereint, / Zog Ibykus, der Götterfreund …« und ähnlich weiter über 23 Strophen zu je 8 Zeilen. Genau 1000 Wörter errechnet der PC. Und das sollten wir auswendig können! Ein Beispiel dafür, wie große Literatur dem jungen Mensch die Freude an der Vogelbeobachtung rauben kann. Denn Kraniche sind großartige Vögel. Großartig, wenn sie in langer Phalanx mit schmetternden Trompetenrufen und

Das Superstar-Casting

»Kraniche auf dem Zug nach Norden. Auch sie machen Stimmung. Ihre Rufe klingen nach Freiheit und Abenteuer. Für uns singen sie das Lied von Reiselust und Fernweh. Den Kranichen folgen wir nach Norden, nach Skandinavien.«

gänseartigem Gekakel am Himmel dahinziehen. Großartig, wenn sie zu Zehntausenden an ihren Rastplätzen an der deutschen Ostseeküste oder in den ungarischen Hortobagy-Sümpfen einfallen. Großartig zu Hunderten in ihren Winterquartieren in Spanien oder Kleinasien. Großartig vor allem auch, wenn sie zu tanzen beginnen, mit Luftsprüngen und Verbeugungen, mit gereckten Hälsen und ausgebreiteten Flügeln. Nur leider ist dieses Vergnügen solcher Anblicke nicht jedermann gegönnt, da Kraniche auf sehr schmalen Routen durch Mitteleuropa ziehen. Zumindest gilt dies für die in Nordosteuropa und Russland brütenden Kraniche, die in südwestlicher Richtung nach Spanien ziehen. (Die in Kleinasien und Ägypten überwinternden Kraniche wandern auf breiterer Front, rechts und links am Schwarzen Meer vorbei.) So kommen in Deutschland neben den Mecklenburgern und Brandenburgern nur noch die Bewohner Niedersachsens und des Rheinlands in den Genuss des jährlichen Anblicks durchziehender Kraniche.

In erfreulich zunehmendem Maße brüten die großen grauen Schreitvögel mit ihren beeindruckenden schwarz-weiß-roten Köpfen auch wieder in Mitteleuropa. Nicht mehr nur in Ostdeutschland ziehen Kraniche in unwegsamen feuchten Wäldern ihre Jungen auf, sondern auch wieder in Schleswig-Holstein, Niedersachsen und sogar in Bayern. Hier und in vielen anderen Ländern Mittel- und Osteuropas waren die Vögel Ende des 19. und Anfang des 20. Jahrhunderts völlig ausgerottet. Und warum? Weil ihre hängenden Flügelschmuckfedern (die einen buschigen Schwanz vortäuschen) lange Zeit bei den Damen groß in Mode waren.

Die langen Haxen sind für das Leben im Sumpf ja sehr zweckmäßig, beim Bebrüten der Eier, möchte man meinen, weniger.

Kraniche brüten in waldig-buschigen Sümpfen. Das Gelege besteht in der Regel aus nur 2 Eiern. Die Partner wechseln sich bei der etwa 20 Tage dauernden Brut ab. Die Jungen verlassen bereits 24 Stunden nach dem Schlüpfen das Nest und ziehen mit ihren Eltern in der näheren Umgebung umher. Nur in den ersten 3 Tagen bringen die Eltern den Küken Nahrung, danach picken sie selbstständig Kleintiere, Samen und Sprosse auf. Im Alter von 9–10 Wochen sind die Jungen flugfähig und ziehen dann bald mit ihren Eltern gen Süden.

Dreizehenmöwe

Da sitzen sie ganz friedlich (oder scheinheilig?), jede auf ihrem Nest, als hätte es nie Streit und furchtbares Geschrei gegeben.

Im hohen Norden sind den Superstar-Suchern offenbar die lieblichen Sänger ausgegangen. Stattdessen Möwengeschrei! Oder handelt es sich um eine gestalterische Finesse? Mittelmeermöwen am Anfang, Dreizehenmöwen gegen Ende? Was immer sich das Filmteam dabei gedacht haben mag – den Gewinner im europäischen Gesangswettbewerb wird man in der Gruppe der Möwen sicher nicht finden.

Die Dreizehenmöwe wird den meisten Binnenländern ganz unbekannt sein. Obwohl sie zu den Kleinmöwen vom Schlag unserer häufigen Lachmöwe gehört, brütet sie ausschließlich in Kolonien an Steilfelsen europäischer Atlantikküsten – von Spanien bis zum Nordkap. Auch außerhalb der Brutzeit verirren sich Dreizehenmöwen nur selten an irgendwelche Seen oder Flüsse. Das sind dann meist Jungvögel, die sich von einem Sturm haben mitreißen lassen; man kann sie relativ leicht an ihrem charakteristischen schwarzen Zickzackband auf den Flügeln erkennen. Wobei allerdings eine Verwechslung mit jungen Zwergmöwen leicht möglich ist – die wie unsere Lachmöwen an Binnenseen (in Nordosteuropa und Russland) brüten und auf dem Zug recht häufig und oft in großer Zahl an unseren Seen und Flüssen auftauchen. - Möwen zu unterscheiden ist schwer.

Das Superstar-Casting

„Drei Tage haben wir gebraucht bis zu diesem Fischerdorf. Hier treten sie auf, die berühmten Chöre. Nein, nicht die, sondern die Dreizehenmöwen, die statt an wolkenverhangenen Felsen hier an roten Fischerhütten brüten. Streit und Liebesschwüre, einfach alles, was sie zu sagen haben, tragen die Dreizehenmöwen mit viel Gestik und großer Lautstärke vor. Viele Vogelfreunde kommen nach Å auf den Lofoten, um die Show der Dreizehenmöwen aus nächster Nähe zu erleben. Die Einheimischen sehen das anders. Sie stopfen sich nachts Stöpsel in die Ohren, denn hier, am Polarkreis, schreien die Möwen in den hellen Sommernächten 24 Stunden am Stück. Es sind zu viele und zu viele durcheinander. Aber eindrucksvoll finden wir ihn schon, den Chaotenchor der Dreizehenmöwen an Norwegens wilder Küste.“

Die einzige Nordsee-Steilküste, die Deutschland den Dreizehenmöwen zu bieten hat, sind die roten Klippen von Helgoland. Dicht gedrängt auf schmalsten Felsvorsprüngen, ziehen hier über 8000 Paare ihre Jungen groß. Weil der Platz knapp ist und Nachbarschaftsstreitigkeiten an der Tagesordnung sind, werden meist nur 2 Eier gelegt. Damit die Jungen nicht von gehässigen Nachbarn in den Abgrund geschmissen oder von Großmöwen verspeist werden, bleibt ein Elternteil ständig beim Nachwuchs: 30 Tage lang wechseln sich Vater und Mutter mit Wachdienst und Herbeischaffen von Nahrung ab.

So schwindelerregende Nistplätze wie die der Dreizehenmöwen werfen die schöne Ordnung der Biologen durcheinander, wonach man bei den Vögeln Nestflüchter und Nesthocker zu unterscheiden habe. Nestflüchter verlassen das Ei ziemlich fit, mit offenen Augen, einsatzfähigen Gehwerkzeugen und wärmendem Flausch. Das kennen wir von Hühner-, Enten- und Gänseküken. Nesthocker hingegen sind arge Frühgeburten, blind, nackt und hilflos. Nun gehören die Möwen eigentlich zu den Nestflüchtern, die, mit Dunenkleidchen, offenen Augen und kräftigen Beinchen ausgestattet, schon kurz nach dem Schlüpfen aus dem Ei auf und davon laufen können. Im Gegensatz zu den nestflüchtenden Vegetariern (Huhn, Ente, Gans) gestaltet sich der Nahrungserwerb bei Möwen und Seeschwalben aber entschieden schwieriger. Das muss man erst einmal lernen, bei Mama und Papa.

Blau-kehlchen

So ein königsblauer Latz mit rotem Fleck macht schon was her.

Lassen Sie sich nicht verwirren. Tatsächlich ist der Fleck (auch Stern genannt) im blauen Latz der nordeuropäischen Blaukehlchen rot wie das Brustband unterm Latz, während unsere Blaukehlchen zu den weißsternigen gehören. (In den Alpen brüten lokal kleine Populationen rotsterniger Blaukehlchen, was man als Überbleibsel der letzten Eiszeit interpretiert.) Vereinzelt sieht man auch Blaukehlchen-Männchen mit ganz blauer Kehle, also ohne Fleck. Doch ob mit rotem oder weißem oder keinem Kehlfleck, das Blaukehlchen gehört zweifellos zu unseren hübschesten Singvögeln. Und hervorragend singen können sie weiß Gott! Etwas stotternd ist ihr Vortrag (wie eine Mischung aus Rotkehlchen und Nachtigall hört sich das manchmal an), aber fantasievoll und abwechslungsreich. Und manche Männchen sind wahre Meister im Nachahmen anderer Vogelstimmen.

Am liebsten singen sie in der Abend- und Morgendämmerung, oft auch mitten in der Nacht. Und das ist nicht das einzige Merkmal, das die nahe Verwandtschaft zur Nachtigall verrät. Auch die relativ langen Beine, das Rostrot im Schwanz, die oft hängenden Flügel, die Art der Nahrungssuche und vieles mehr erinnert an die viel berühmtere Cousine. Die Zahl der Brutpaare in Deutschland wird auf nur 3000 geschätzt.

Das Superstar-Casting

„Blaukehlchen, du siehst hammermäßig gut aus. Zeig uns, was du drauf hast! Outfit, Showeinlage, Stimme – das Blaukehlchen bringt's! Die Jury ist überzeugt. Das Blaukehlchen weiß, dass es gut aussieht. Deshalb setzt es sich ganz oben auf einen Ast, singt nach rechts und nach links und lässt den roten Kehlfleck im Rhythmus zum Lied blinken. Es geizt nicht mit seinen optischen Reizen. Gekonnt dosiert das Blaukehlchen seinen Vortrag. Nach jeder Strophe lauscht es ins Publikum, ob sein Gesang auch ankommt. Einfach super!“

Am liebsten ziehen Blaukehlchen sich in feuchte bis nasse Gebiete zurück, wo ein Verhau von Altschilf, Hochstauden und Weidenbüschen ihnen gute Versteckmöglichkeiten bietet. Dort baut das Weibchen meist dicht überm Boden das Nest, in dem sich bald 5–6 Eier finden. Das Weibchen brütet allein 2 Wochen, und 2 Wochen dauert auch die Nestlingszeit der Jungen.

Am ehesten kann man die hübschen Männchen beim Singen beobachten. Denn dazu suchen sie gerne erhöhte Sitzgelegenheiten auf: Schilfhalme, die Spitze eines Weidenbusches, einen Baumast oder sogar eine Stromleitung. Eine andere gute Möglichkeit, Blaukehlchen zu beobachten, bietet sich frühmorgens. Dann kommen Männchen und Weibchen gerne aus ihrem Dickicht, um an freien Stellen – zum Beispiel auf angrenzenden Wegen oder gemähten Wiesen – nach Nahrung zu suchen.

Obwohl sie so zart und zierlich wirken, kehren Blaukehlchen schon Mitte März wieder aus dem Süden zurück und können oft bis in den November bei uns angetroffen werden. Wenn die Insektenjagd zu solchen Jahreszeiten nicht ergiebig genug ist, werden auch feine Sämereien, zarte Triebspitzen und vor allem Beeren verzehrt.

Noch beeindruckender als der bunte Latz ist aber das Lied des Blaukehlchens, zwar zart, aber fantasievoll und mit vielen Anleihen.

Register

Bibliographische Information der Deutschen Bibliothek

Die Deutsche Bibliothek verzeichnet diese Publikation in der Deutschen Nationalbibliographie; detaillierte bibliographische Daten sind im Internet über http://dnb.ddb.de abrufbar.

BLV Buchverlag GmbH & Co. KG
80797 München

Bildnachweis:
Arendt/Schweiger 4/5, 21, 24, 28, 31, 32, 34, 35, 42, 43, 44, 45, 46, 50, 53, 54, 55, 58, 61, 62, 63, 64, 68, 70, 72, 74, 75, 80, 84, 88, 89, 90, 92, 93; Akg-images 16r, 16l; Danegger 1, 78; Groß 7, 19, 65, 77; Limbrunner 15, 52, 69, 85; Limbrunner/Buchner 57, 83; Pforr 2/3, 11, 13, 18; Wothe 6, 22, 26, 27, 48, 51, 60, 66, 87; Zeininger 8, 29, 30, 33, 36, 38, 39, 40, 41, 56, 67, 71, 76, 79, 82, 86

Foto S. 1: Star; S. 2/3: Sumpfrohrsänger; S. 4/5: Drosselrohrsänger

Umschlaggestaltung: Sabine Fuchs, fuchs_design, Ottobrunn
Umschlagfotos: Arendt/Schweiger

Lektorat: Dr. Friedrich Kögel, Dr. Eva Dempewolf
Herstellung: Ruth Bost
Layoutkonzept Innenteil: fuchs_design, Ottobrunn
Layout und Satz: Uhl + Massopust, Aalen

Gedruckt auf chlorfrei gebleichtem Papier

Printed in Italy
ISBN 978-3-8354-0262-1

Eine kleine Auswahl aus unserem Programm

Michael Lohmann
Der BLV Tierführer für unterwegs
Details erkennen – sicher bestimmen: Säugetiere, Vögel, Reptilien, Amphibien, Insekten und andere in naturgetreuen Zeichnungen; Kennzeichen, Vorkommen, Lebensweise und interessante Fakten.
ISBN 978-3-8354-0054-2

Der Tier- und Pflanzenführer für unterwegs
Das kompakte Bestimmungsbuch mit 900 Tier- und Pflanzenarten und 1350 Farbfotos – ideal für unterwegs; mit bis zu 5 Fotos pro Art und Sonderteilen, die das Bestimmen zusätzlich erleichtern.
ISBN 978-3-8354-0019-1

Thomas Schauer/Claus Caspari
Der BLV Taschenführer Pflanzen
Besonders handlich – ideal für unterwegs: über 350 Pflanzen – Gräser, Bäume und Sträucher, detailgenaue Zeichnungen für zweifelsfreies Bestimmen, zuverlässiger Farbcode für schnellen Zugriff.
ISBN 978-3-8354-0139-6

Mario Ludwig/Harald Gebhardt
Die 55 gefährlichsten Tiere der Welt
Spannende Lektüre, auch für Jugendliche: die gefährlichsten Tiere der Welt im Porträt – von Löwe und Eisbär über Tigermoskito und Speikobra bis Piranha und Seewespe; Merkmale, Vorkommen, gefährliche Verwandte, Geschichte und Geschichten.
ISBN 978-3-8354-0095-5

Mario Ludwig/Friedrich Kögel
Die Erde – Rätsel, Fakten und Rekorde
Lesevergnügen rund um die Erde: Rekorde und Superlative, Fakten und Irrtümer, Staunenswertes und spannende Storys; mit heiteren Illustrationen von Jan Gulbransson.
ISBN 978-3-8354-0141-9

Stefan Kühn/Bernd Ullrich/Uwe Kühn
Deutschlands alte Bäume
Begegnungen mit faszinierenden Persönlichkeiten: 192 bedeutende, oft jahrhundertealte Bäume in ausdrucksstarken Fotos, die speziell für diesen Bildband entstanden; zu jedem Baum: Geschichte, Sagen, Mythen, Anfahrtswege; Übersichtskarte mit Standorten.
ISBN 978-3-8354-0183-9

Die zuverlässigen Berater

BLV Bücher bieten mehr:

- mehr Wissen
- mehr Erfahrung
- mehr Innovation
- mehr Praxisnutzen
- mehr Qualität

Denn 60 Jahre Ratgeberkompetenz sind nicht zu schlagen!

Dass Sie sich gut beraten fühlen – das ist unser Ziel. Falls Sie Fragen und/oder Anregungen haben, schreiben Sie uns bitte:

BLV Buchverlag GmbH & Co. KG
Lektorat · Lothstraße 19
80797 München
Postfach 40 02 20
80702 München
Telefon 089/12 02 12-0 · Fax -121
E-mail: blv.verlag@blv.de

Unser Buchprogramm umfasst über 750 Titel zu den Themen **Garten · Natur · Heimtiere · Jagd · Angeln · Sport · Golf · Reiten · Alpinismus · Fitness · Gesundheit · Kochen.** Ausführliche Informationen erhalten Sie unter **www.blv.de**

MEHR ERLESEN!